主办　中国建设监理协会

中国建设监理与咨询

中国建筑工业出版社

图书在版编目（CIP）数据

中国建设监理与咨询　16 / 中国建设监理协会主办. —北京：中国建筑工业出版社，2017.6
ISBN 978-7-112-20979-8

Ⅰ.①中…　Ⅱ.①中…　Ⅲ.①建筑工程—监理工作—研究—中国
Ⅳ.①TU712

中国版本图书馆CIP数据核字（2017）第150782号

责任编辑：费海玲　焦　阳
责任校对：焦　乐　关　健

中国建设监理与咨询　16

主办　中国建设监理协会

*

中国建筑工业出版社出版、发行（北京海淀三里河路9号）
各地新华书店、建筑书店经销
北京嘉泰利德公司制版
北京缤索印刷有限公司印刷

*

开本：880×1230毫米　1/16　印张：$7^1/_2$　字数：306千字
2017年6月第一版　2017年6月第一次印刷
定价：**35.00**元

ISBN 978-7-112-20979-8
（30618）

编辑部

地址：北京海淀区西四环北路 158 号
慧科大厦东区 10B

邮编：100142

电话：（010）68346832

传真：（010）68346832

E-mail：zgjsjlxh@163.com

中国建设监理与咨询

目录 CONTENTS

行业动态

北京市地方标准《建设工程监理规程》通过终审 6
贵州省监理行业工程质量安全提升行动动员大会在毕节市召开 6
国家行业协会商会与行政机关脱钩联合工作组莅临山西省建设监理协会指导工作 7
青海省建设监理协会三届理事会三次会议暨 2016 年度会员代表大会召开 7
北京市建设监理协会第六届换届大会在京召开 8
山东省建设监理协会五届三次理事及会员代表会议在济南召开 8
广东省建设监理协会考察组赴贵州考察交流 9
《工程监理资料管理标准化指南》大型公益讲座圆满成功 9
国务院安委会第三巡查组赴湖北住建厅巡查安全生产工作 10
黔渝苏豫三省一市建设监理行业交流会在郑州召开 11
目前世界上首条穿越严寒地区的高速铁路——哈大铁路客运专线获第十四届詹天佑奖 11
认清新形势 迎接新挑战
——北京市住建委副主任王承军在 2017 年全市监理工作会上的讲话（摘要） 12

政策法规

住房城乡建设部关于印发建筑业发展“十三五”规划的通知 14
2017 年 5 月开始实施的工程建设标准 19
2017 年 6 月开始实施的工程建设标准 19

本期焦点：全过程工程咨询服务

住房城乡建设部关于开展全过程工程咨询试点工作的通知 21
全过程工程咨询，唤醒建筑服务业价值春天 / 郑辉 23
谈工程建设全过程项目管理咨询服务的创新发展 / 缪玉国 26
建设监理与工程咨询管理模式协调发展 / 孟三虎 30

协会工作

关于贯彻落实《工程质量安全提升行动方案》的通知 33

监理论坛

建筑工程项目电气安装监理管理之浅见 / 周纯爵　34

水利水电建设工程安全文明施工监理工作标准化实践 / 姚宝永　张贺　38

试论以注册监理工程师为主导的工程评价体系的构建 / 陈继东　43

浅议建筑给排水的监理工作 / 张立嘉　47

厂房地面裂缝成因分析及对策 / 李亚峰　赵洪儒　49

如何做好主体进度监理工作——以重庆朝天门国际商贸城一标段为例 / 陈良兵　53

深基坑工程施工过程中的监测管理 / 蔡晓明　56

项目管理与咨询

浅谈 PPP 模式下项目管理（设计管理）控制要点 / 郭峰　61

开展“项目管理 + 工程监理”一体化服务　提升工程管理效能
——万科紫悦湾一期项目管理实践 / 汪德兰　65

PM 模式在卡杨公路工程项目上的实践与探讨 / 左红军　67

创新与研究

模块化管理在监理工作中的应用 / 吕海燕　马小杉　70

用互联网思维的方法改造监理工作 / 曹昌顺　77

工程建设项目职业化管理的优势 / 刘原　82

人才培养

监理人才队伍建设现状及其改进对策 / 李武玉　86

企业文化

民营监理与咨询企业如何“强身健体” / 温江水　92

工程监理企业在“互联网 +”新形势下的几点思考 / 吴红涛　97

北京市地方标准《建设工程监理规程》通过终审

根据北京市技术监督局（京质监标发）[2013]136 号文要求，由北京市建设监理协会会同有关监理单位、施工单位，对北京市地方标准《建设工程监理规程》DB 11/382-2006 共同进行修订。根据主编单位的建议和市住建委批复，决定将《建设工程安全监理规程》和《建设工程监理规程》合并修订。

2017 年 5 月 5 日，北京市质量技术监督局、北京市住房和城乡建设委员会共同组织对北京市地方标准《建设工程监理规程》DB 11/382-2006 进行评审。来自高校、科研院所、建筑施工、工程监理等领域的专家参加了会议，听取了编制组的汇报，对该标准进行了严格、认真、深入的审查，获得与会评审专家的一致通过和好评。

该标准为推荐性标准，北京市超过一万个施工现场的监理工作均需按照该标准的要求对工程监理行为进行规范和管理。在规程修订过程中，对原《建设工程安全监理规程》DB1 1/382-2006 和原《建设工程监理规程》DBJ01-41-2002 进行了认真梳理，将原来分别编制的两本标准合并为《建设工程监理规程》。新的《规程》按照监理工作内容和工作阶段两条主线进行整合，细化了对“旁站”“平行检验”等行为的具体要求，明确了各级监理人员应签署的文件和资料，增加了监理单位对项目监理机构的管理等内容，与新修订的国家标准和地方标准相协调，具有创新性。

评审专家对该标准的评价意见为 :“《规程》与国家、北京市相关标准相协调，内容科学合理，能够满足北京市工程监理工作的需求，并为下一步团体标准的制定预留了空间、奠定了基础 ;《规程》具有针对性和可操作性”，对该标准的水平评价为“该《规程》达到了国内领先水平”。

目前，编制组正在抓紧按照“评审意见”进行最后的修改和完善，预计该标准将于今年 6 月批准发布。

（张宇红　提供）

贵州省监理行业工程质量安全提升行动动员大会在毕节市召开

2017 年 4 月 11 日，贵州省建设监理协会在召开 2016 年年会之际，在毕节市召开了全省监理行业工程质量安全提升行动动员大会。来自全省 140 余家监理企业的近 200 名代表参加了动员大会。贵州省住房和城乡建设厅建筑业管理处处长李泽晖、毕节市住房和城乡建设局副局长张旭出席大会并讲话。

大会印发学习了住房和城乡建设部《工程质量安全提升行动方案》和贵州省住房和城乡建设厅《贵州省工程质量安全提升行动实施方案》。

杨国华会长感谢李泽晖处长和张旭副局长亲临会议，并介绍了协会决定在年会中召开监理行业工程质量安全提升行动动员大会的原因。杨会长要求参会人员要认真学习领会《工程质量安全提升行动方案》和《贵州省工程质量安全提升行动实施方案》的内容和要求，积极参加工程质量安全提升行动。

大会宣读了贵州省建设监理协会向全省监理行业发出的《规范监理服务标准提升工程质量安全倡议书》。贵州三维工程监理公司总工程师王伟星代表全省的总监理工程师表示，要认真履职履则，充分发挥监理人的作用，确保工程质量安全提升行动的总体目标的实现。

（高汝扬　提供）

国家行业协会商会与行政机关脱钩联合工作组莅临山西省建设监理协会指导工作

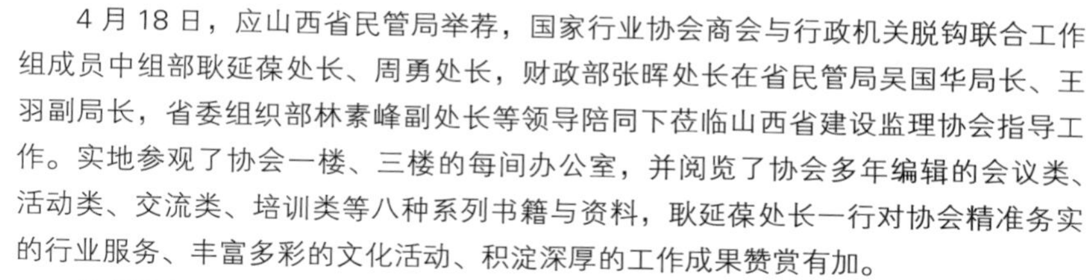

4 月 18 日，应山西省民管局举荐，国家行业协会商会与行政机关脱钩联合工作组成员中组部耿延葆处长、周勇处长，财政部张晖处长在省民管局吴国华局长、王羽副局长，省委组织部林素峰副处长等领导陪同下莅临山西省建设监理协会指导工作。实地参观了协会一楼、三楼的每间办公室，并阅览了协会多年编辑的会议类、活动类、交流类、培训类等八种系列书籍与资料，耿延葆处长一行对协会精准务实的行业服务、丰富多彩的文化活动、积淀深厚的工作成果赞赏有加。

参观结束后，耿延葆处长等领导与协会、秘书处领导进行了一个半小时的座谈。唐桂莲会长围绕近年来协会服务工作、行业发展困惑和脱钩后工作建议作了简要的汇报。耿延葆处长听取后，对协会近几年所取得的成绩给予了充分肯定，并对脱钩后的协会发展提出了建议，同时，他还就协会党建的职能定位、作用发挥、工作瓶颈及解决办法等进行深入交流。耿处长对唐会长汇报的“脱钩不脱管、不脱责以及协会脱钩犹如‘嫁出去的姑娘’，脱钩脱不了‘血缘’关系，根还在娘家，行业管理部门仍是住建厅”的形象比喻很感兴趣，对协会制定《监理计费规则》、推动行业自律工作的定位表示赞赏。并指出，协会通过柔性的活动服务，增强了会员企业的凝聚力；通过提供咨询、数据服务，也成了政府的得力助手，通过本次调研，听到协会的真实心声，就是希望发现问题、分析问题，找到问题的症结，能够从政策和制度上解决问题。希望协会要紧跟形势、把握方向、苦练内功，平稳开展工作。

（郑丽丽　提供）

青海省建设监理协会三届理事会三次会议暨 2016 年度会员代表大会召开

2017 年 4 月 7 日上午，青海省建设监理协会召开了三届理事会三次会议暨 2016 年度会员代表大会。协会理事及会员代表 118 人参加了会议，省住房和城乡建设厅建管处杨建青调研员、刘炳勤主任应邀参加了会议。会议由协会副会长何小燕主持。

会长妥福海向大会作协会 2016 年度工作报告。会议审议通过了协会 2016 年度工作报告、财务报告；审议通过了青海汇峰建设工程监理有限公司等三家监理企业入会的报告；审议通过了四川现代监理咨询有限公司青海分公司等 29 家连续两年未缴纳会费的企业取消会员资格的报告；会上向全体会员转发了中国建设监理协会制定的《建设监理企业诚信守则（试行）》。会议对评选的 2016 年度全省 15 家先进工程监理企业，21 名优秀总监理工程师，33 名优秀专业监理工程师进行了授牌表彰。

省住房和城乡建设厅杨建青调研员作了重要讲话。他首先祝贺大会胜利召开，对协会 2016 年的工作表示肯定，从国家政策等方面对建筑行业轻企业资质、重个人执业资格管理等方面作了说明，对监理企业从转型发展、诚信建设、规范管理等方面提出了要求。希望青海省监理行业共同努力，将行业打造得更好，为青海省经济社会作出更多贡献。

刘炳勤主任对《青海省建筑市场信用管理办法》进行了宣贯。

本次大会经过全体会员代表的共同努力取得了圆满成功。

北京市建设监理协会第六届换届大会在京召开

2017 年 4 月 7 日上午 9 时，北京市建设监理协会召开第五届八次会员大会暨换届选举大会。市住建委人事处副处长王永青、协会第四届会长杨宗谦及北京市保利威律师事务所律师常馨月应邀出席了大会。大会应到会员代表 223 名，实到会员代表 163 名，到会代表超过三分之二。大会由第五届会长李伟主持。

经北京市建设监理协会第五届八次会员大会审议并举手表决，通过了《团结奋进 开拓创新 共续发展——第五届理事会工作报告》《北京市建设监理协会第五届监事会工作报告》《北京市建设监理协会第五届理事会财务报告》；审议通过了《北京市建设监理协会章程》和《北京市建设监理协会第六届会员大会换届选举办法》。

会上，李伟会长分别从标准化工作、科研工作、创新工作、行业自律和服务政府等五方面介绍 2017 年协会主要工作纲要。

大会选举产生了北京市建设监理协会第六届理事会、常务理事会、监事会。市监理协会第六届一次理事会，表决一致通过了协会团体内部 8 项管理制度。选举产生市监理协会第六届领导集体。

新任第六届李伟会长在发言中，感谢会员单位对第六届新当选的理事会、常务理事会、监事会的支持和信任，感谢市住建委、社团办及相关上级领导长期以来对市监理协会工作的关心和支持。我们将一如既往继续努力工作，坚持开拓创新、坚持科技先导、坚持创新发展、坚持服务会员。让我们共同努力，踏实工作，开拓进取，再创辉煌。

大会圆满完成预定的各项选举工作，胜利闭幕。

（张宇红　提供）

山东省建设监理协会五届三次理事及会员代表会议在济南召开

2017 年 4 月 17 日，山东省建设监理协会五届三次理事及会员代表会议在济南召开。会议邀请省住房和城乡建设厅建筑市场监管处副调研员徐海东出席会议指导工作，省监理协会理事长徐友全，副理事长陈文、张国强、林峰、范鹏程、付培锦、许继文、赵于平、艾万发等出席会议。各市建设监理协会负责人、省监理协会理事及会员代表近 300 人参加了会议。

徐友全作协会 2016 年工作总结及 2017 年工作要点的报告。报告全面总结了 2016 年协会的工作，提出 2017 年协会工作要点：一是积极协助、参与主管部门的行业管理工作；二是组织好从业人员监理业务培训工作；三是加强行业宣传，促进企业文化建设；四是开展监理咨询行业理论与实践研究及经验交流活动；五是加强协会自身建设，强化行业自律，促进行业健康发展。

会议审议通过了协会 2016 年度工作总结及 2017 年工作要点的报告，2016 年度财务报告，调整副理事长、接纳新会员及《行业自律投诉受理处理暂行办法》的报告。宣读了 2015~2016 年度会员监理企业及从业人员考核评价优秀（先进）等次名单，并向部分先进监理企业和优秀从业人员代表颁发奖牌和证书。

会议特邀国内著名专家同济大学丁士昭教授作《全过程工程咨询的特征分析》专题报告，山东诚信工程建设监理有限公司张恒、山东营特建设项目管理有限公司江国庆在会议上分别介绍了监理工程管控信息化系统和建设工程项目管理咨询规范的编制等经验做法。

（李建　王丽萍　提供）

广东省建设监理协会考察组赴贵州考察交流

为加强与兄弟省市行业协会和监理企业的沟通交流，观摩精品工程，进一步提升广东省监理企业服务和技术水平，2017 年 5 月 11 日至 13 日，广东省建设监理协会孙成会长率考察组一行 31 人赴贵州省建设监理协会进行考察交流。

粤黔两省监理工作交流座谈会安排在贵州建工监理咨询有限公司举行。贵州协会杨国华会长及部分会员单位代表热情接待了协会考察组人员。贵州省住建厅建筑业管理处李泽晖处长出席了会议并讲话。交流会由贵州协会汤斌秘书长主持。

粤黔两省监理工作交流会上，贵州协会汤斌秘书长致欢迎词。杨国华会长高度赞扬了协会在监理工作中取得的成绩，认为协会在服务会员、承接政府职能、维护监理市场公平竞争、反映行业焦点问题等方面做了大量的工作，为行业的健康发展作出了积极贡献。杨会长表示，粤黔两省监理的发展水平还存在着差距，今后双方应加强交流沟通，互学互鉴互帮，共同维护监理行业的健康发展。

交流会上，考察组成员观看了贵州省监理企业转型升级视频和北盘江大桥施工工艺流程 PPT 模拟片，还就如何提升行业协会的服务水平、应对监理价格市场化和行业自律管理的主要经验做法、新形势下如何拓展监理企业发展空间和促进企业转型升级、大型桥梁监理的先进工作经验等问题与贵州省企业代表进行了深入的研讨和交流。

孙成会长表示，贵州协会在监理行业治理、规范监理市场行为、提高监理从业人员素质、加强行业自律管理和帮助企业转型升级等多方面都卓有成效，很多地方值得借鉴。今后，粤黔两省应更加紧密联系，搭建友谊桥梁，顺应新的发展形势，抓住机遇，携手共进，共绘监理行业美好蓝图。

随后考察组在贵州协会精心周到的安排下，前往贵州桥梁科技馆、坝陵河大桥、北盘江大桥进行实地考察。

（高峰　提供）

《工程监理资料管理标准化指南》大型公益讲座圆满成功

2017 年 5 月 27 日，北京市监理协会组织召开了《工程监理文件资料管理标准化指南》公益讲座。北京市住建委质量处处长石向东到会并讲话。申报“市监理行业专家”人员共计 380 人参加了宣贯会。

首先，市住建委质量处石向东处长讲话。石向东处长传达了王承军副主任对市监理行业的重要指示：1. 充分认识当前监理工作的重要性；2. 切实发挥监理作用；3. 充分发挥监理延伸政府监管的作用；4. 体现新时期大国工匠精神；5. 坚定监理行业健康发展的决心。

石向东处长指出：1. 市监理协会是行业协会中具有强大凝聚力，能够推动行业发展的协会，在全市质量管理工作和推进监理行业健康发展的过程中发挥了重大作用；2. 监理是政府的抓手也是政府依靠的力量。监理责任重大，使命光荣，监理定位稳定，前景光明；3. 资料标准化工作是工程管理全过程建设的基础，是工程技术的支撑，也是加强工程管理的有效手段和提升；4. 工程资料标准化成果来自工程实践，也要落实到工程实践中去。

公益讲座由北京市监理协会李伟会长主讲。

李伟会长介绍了团体标准《工程监理文件资料管理标准化指南》要点，并结合新版北京市地方标准《建设工程监理规程》解读监理资料管理标准化的具体要求。李伟指出：要以标准化为抓手，以提高行业履职能力为目标，增强行业凝聚力；发挥桥梁纽带作用，注重创新发展。

今年的主要工作：一是标准化工作。市监理协会首次发布团体标准《工程监理文件资料管理标准化指南》是监理资料的指导性文件，要通过贯彻达到全市统一。二是创新工作。在监理履职和完善监理程序的基础上，2017 年开展 5 项课题研究工作：1. 材料构配件设备质量管理研究；2. 装配式建筑质量控制方法研究；3. 安全管理的监理标准化研究；4. 监理报告制度试点研究；5. 成品钢筋质量控制方法研究。

最后，李伟会长对参与课题研究的专家陆参、李定岩、张红宇、冉建华、赵书辉等提出表扬；对参与单位逸群、方圆、希达、泛华、伟泽、双圆、兴电、赛瑞斯、双诚、帕克、磐石等表示感谢！

会上，北京市监理协会向与会人士赠送《工程监理文件资料管理标准化指南》一书。公益讲座圆满成功！

（张宇红　提供）

国务院安委会第三巡查组赴湖北住建厅巡查安全生产工作

6 月 12 日上午，由住建部原副部长郭允冲任组长的国务院安委会第三巡查组一行 11 人到湖北省住房和城乡建设厅巡查住建领域安全生产工作。

巡查组首先查阅了相关资料，随后听取了住建厅安全生产工作落实情况的汇报。郭允冲指出，近几年来，全国安全生产形势总体好转，但是安全生产事故总量依然很大，个别单位和企业对安全生产仍不够重视，重特大事故仍时有发生。

郭允冲强调，安全生产工作就住建部门而言，要处理好三个关系，即质量与安全的关系、标准与安全的关系、城市规划与安全的关系，切实抓好源头治理。要高度重视轨道交通工程的质量安全管理，加强对工程建设中违法转包分包、低价竞标和压缩工期等问题的专项整治，预防重特大事故的发生。

厅党组书记、厅长李昌海表示，将以此次巡查为契机，进一步提高认识，提高政治站位，时刻紧绷安全这根弦；进一步增强规范意识，加强工作痕迹管理；进一步增强监管实效，克服形式主义，努力减少隐患和重特大安全事故发生，全面提升全省住建领域安全生产水平。

（周佳麟提供　摘自湖北省住房和城乡建设厅网站）

黔渝苏豫三省一市建设监理行业交流会在郑州召开

2017 年 4 月 17 日，贵州、重庆、苏州、河南三省一市建设监理行业交流会在郑州召开，会议深刻分析了当前建设监理行业面临的新情况和新问题，围绕行业变革、协会服务、企业转型、诚信自律、工程质量安全提升等话题展开了自由深入的讨论，交流会构建了三省一市建设监理行业前瞻性的新型交往关系，对三省一市行业协会加深对建设监理行业共性问题的理解，共同寻求新的发展机遇，促进建设监理企业之间的经营创新有着十分重要的意义。

会议交流认为，监理行业应全面准确地判断和把握全过程工程咨询的变革走势，制定应对之策，破解发展难题，实现新一轮振兴和增长，在创新能力、盈利能力、抗风险能力、成长能力和发展潜力等方面不断取得新的突破。工程监理在质量安全提升行动中的作用举足轻重，积极承担社会责任，履职尽责，把工程质量安全的监理工作视为紧要之务，及时制定切实有效的管控措施，不断提高工程监理的地位和影响。

三省一市监理协会分别分享了诚信自律工作的思路和方法。当前，各省市开展诚信自律的导向效应正在显现，成果逐渐丰实。会议呼吁，监理企业要做积极、正面、有意义的事情，共同担负起推动监理行业正向发展的责任，既能做到充分有序的竞争，也能做到顾全大局，聚合共赢，守护并尊重行业发展的底线。

贵州省建设监理协会会长杨国华、秘书长汤斌，重庆市建设监理协会秘书长史红，苏州市建设监理协会会长桑林华、秘书长乔军莉，河南省建设监理协会常务副会长兼秘书长孙惠民出席交流会，三省一市建设监理企业的专家领导共 40 人参加了会议。

（耿春　提供）

目前世界上首条穿越严寒地区的高速铁路——哈大铁路客运专线获第十四届詹天佑奖

2017 年 4 月 14 日，第十四届中国土木工程詹天佑奖颁奖大会暨获奖项目技术交流会在北京隆重召开。由北京铁城建设监理有限责任公司监理的目前世界上首条穿越严寒地区设计时速 350km/h 的高速铁路——哈大铁路客运专线获此殊荣。

哈大铁路客运专线是国家“十一五”规划的重点工程，也是国家《中长期铁路网规划》“四纵四横”客运专线网中京哈客运专线的重要组成部分，是目前世界上首条穿越严寒地区设计时速 350km/h 的高速铁路。北起哈尔滨西站，途经黑龙江、吉林、辽宁三省，向南终到大连北站，全长 903.945km，新建车站 18 个。工程于 2007 年 8 月 23 日开工建设，2012 年 12 月 1 日建成运营，在 8 个方面实现了科技创新和新技术应用，获得了 12 项省部级奖。

（龚成术　提供）

编者按：

2017年3月22日，北京市住建委召开“北京市2017年建设工程监理工作会”。会上市住建委副主任王承军高度肯定了北京监理行业在工程建设中发挥的重要作用，工程建设安全质量整体水平得到了显著提升。现将王承军副主任讲话整理摘要刊登。

认清新形势　迎接新挑战

——北京市住建委副主任王承军在2017年全市监理工作会上的讲话（摘要）

王承军副主任指出监理行业作为工程建设领域的重要力量，长期以来一直发挥了非常重要的作用。2016年，北京市在住建部工程质量治理两年行动监督执法检查中，取得了全国第二名的优异成绩，建设工程安全质量整体水平也得到了显著提升，实现了建筑行业“十三五”良好开局，这些都离不开广大监理人员的辛勤付出。2017年北京市工程建设规模仍处高位，特别是轨道交通工程，在建线路、在建里程均创历史新高；冬奥会、北京新机场、行政副中心建设等一大批工程项目，正在紧张建设中；工程安全、质量的监管任务十分艰巨。

王承军副主任针对2017年的监理工作强调四点。

一要认清形势，牢牢地把握改革发展新机遇。

今年2月，习近平总书记视察北京城市规划建设和冬奥会筹办工作。在视察新机场、行政副中心建设时，对工程建设管理给予了充分肯定。这些与参与这两个项目建设的监理企业的贡献是密不可分的，对参与这些重点建设项目的工程监理企业提出表扬。

北京市监理企业应认真领会总书记讲话精神，始终牢记“看北京首先要从政治上看”，切实增强政治意识、大局意识、核心意识、看齐意识，特别是核心意识和看齐意识。坚决落实习总书记要求，要“坚持首善标准”“提高治理能力”“全力打造精品工程、样板工程、平安工程、廉洁工程”，要求“每个项目、每个工程都要实行最严格的施工管理，确保高标准、高质量。要努力集成世界上最先进的管理技术和经验”。站在当前的时间节点上，特别是京津冀协同发展战略的大背景下，“要有21世纪的眼光，规划、建设、管理都要坚持高起点、高标准、高水平，落实世界眼光、国际标准、中国特色、高点定位的要求”。针对安全生产，习总书记在视察行政副中心施工现场安全体验培训时做出了具体指示，要求“安全生产必须落实到工程建设各环节各方面，防止各种安全隐患，确保安全施工，做到安全第一”。北京市作为全国第一个全面推广施工现场体验式安全培训的城市，得到了住建部的肯定，也经过了实践的检验。面对新的历史机遇，北京市监理行业要充分认识到责任重大、使命光荣，要深刻认识到“建设的每一个参与者，都在参与历史、见证历史，大家要树立起责任意识、奉献意识，在建设中增长才干、展示风貌”。

二要认真贯彻落实建筑业改革的顶层设计，对新形势下监理的重要性，要有更高的认识。

要充分认识到在现有工程建设管理体制下，监理工作是安全质量的守护神，是各方责任落实的保证者。如果监理责任不落实，如果没有监理的现场管理，施工单位、材料供应商以及其他各方主体的责任将难以落实。我坚决反对因为监理工作水平有进一步提高的空间，就认为我们监理行业不发挥作用的说法。即使非常不负责任的监理企业，由于在现场派驻了监理人员，施工企业要想弄虚作假的时候，也必定会躲着监理人员，至少不至于当着监理人员的面偷工减料。所以，在个别部门对监理作用颇有微词的情况下，我们要对自己作用有非常清晰的认识，要树立起监理发挥守护人作用的意识，并做好宣传工作。监理作用就是落实其他工程参建各方的相应的管理措施。有的人说可以取消监理制度，恢复到建设单位成立建设指挥部，自己管理工程建设的模式，我认为完全行不通。从政府监督管理看，工程建设中很多问题是由于建设单位行为不规范造成的，国务院19号文件把建设单位作为工程质量的首要责任者是完全正确的，北京市《工程建设质量条例》也把建设单位的首要责任写得很清楚。就目前情况来讲，有监理人员在现场，建设单位仍有诸多的不规范，仍有诸多责任不落实，如果没有监理，情况将难以想象，目前监理的作用是工程参建其他方无法替代的。监理发挥了延伸和补充政府监管的作用，特别是在政府职能转变的情况下，更需要监理进一步延伸政府监管作用。未来的趋势，为弥补政府监管力量的不足，相应的文件都将向监理企业倾斜，政府购买服务优先购买监理企业提供的服务；大检查、专家论证、各种方案把关等，约百分之八九十以上都倾斜于监理企业。可以预见到，在未来政府由直接监管进一步向宏观管理转化的情况下，监理的优势将得到进一步发挥。同时监理的作用也将在新时期体现大国工匠精神中得到升华。监理人员不是简单施工技术人员的转化，是高于建筑施工企业、高于一般工程设计人员的。监理有相应的规范、规矩和管理经验、技巧，也必须体现工匠精神。在去年开展的建筑业施工工匠评审中，50 多名一线操作工人获得了相应称号，奖励的力度比较大，今年年初对接了公租房购房资格。我们要弘扬劳动精神、工匠精神，给他们应该得到的社会的关注。我想请相关部门谋划一下，模仿工匠评审，给我们优秀的监理人员冠之相应的称号，表彰监理人员的特殊贡献。

目前监理在政府职能转变中也是面临改革提高的一方主体，特别是住建部将推行工程项目管理改革，监理企业是这次改革的主要实践者。在目前项目管理企业不太发达的形势下，监理企业必将成为住建部推行项目全过程咨询，培育具有国际水平的工程咨询企业的主力军。我们应该坚定监理行业健康发展的信心，监理行业作用巨大，责任神圣，地位稳定。监理肩负着保障施工现场的质量安全的神圣责任，这个责任体现了党和国家促进和谐社会建设，落实“四个全面”的具体要求；地位稳定是说，尽管在改革中有很多尝试，监理作为监督管理参建各方的主要一方，地位是无法动摇的。监理工作是一项非常专业的技术工作，管理工作很容易被其他的工作代替，但专业技术工作是很难被代替的。监理的发展是长远的，北京的监理企业要坚定信心，希望相关处室一如既往、全力以赴支持监理企业做好监理工作，我们虽然任重道远，但是前景非常光明。

三要履职尽责，做好项目监理工作。

各监理企业要充分运用安全质量状况的测评结果，加强对施工现场施工工序工艺的管理，保证达到质量管理体系的要求。筑牢施工现场质量保证的“铁三角”，发挥督促作用。全面落实项目负责人质量终身责任和监理人员个人责任，严格按照法律法规和有关技术标准、设计文件、工程承包合同进行监理。充分发挥工程监理对工程安全质量的管理作用，构建参建各方各司其职，各尽其责，相互配合，相互制约的管理体系，筑牢施工现场建设、施工、监理安全质量管理的铁三角架构。大力推动科技创新，充分发挥技术进步和管理创新对提高和保证工程安全质量的直接作用，进一步加快对装配式建筑监理制度的研究进度，鼓励监理企业研究探索将 BIM 技术运用到工作中，加强对工程建设安全质量、施工进度和其他关键信息的管理，实现科技创安，提质、添绿、增效，进一步提升工程管理水平。

四要突出监理工作重点，狠抓关键环节的安全质量管理，抓好复工前的检查工作。

节前停工、节后复工检查作为一项工程管理的制度在北京已经推行了两三年了，监理企业一定要把好关，及时组织排查安全隐患，确保节日期间施工工地的安全，确保节日后复工的工地符合安全生产条件，杜绝安全事故。要加强科技手段，不断创新监管方式，进一步强化驻厂监理工作，特别是针对当前混凝土原材料质量的突出问题，要积极主动地采取最有效措施，从源头上加强混凝土质量管理，确保工程质量结构安全。同时要充分利用 7 天和 28 天混凝土质量检测的预警机制，加强对混凝土质量的实时预警和动态监管，及时发现和处置混凝土质量不合格的情况。驻厂监理制度一定要坚持下去，下一步还要研究扩大驻厂监理范围，确保工程结构的安全质量。要充分利用监理行业、监理企业的技术优势，在危大工程的风险分级防控、风险隐患排查上，起到专家咨询、专家把关的作用，要加大对起重机械、高大模板支撑体系、高大脚手架、深基坑等危大工程的施工安全检查力度和检查频次，发现隐患及采取措施，进一步加强对危大工程专家论证、工程实施等全过程管理，有效防范安全事故的发生。要习惯大城市对扬尘治理的管理，全国建筑业的日子一提起雾霾都不好过，各种检查一有雾霾首先直奔工地，目前是施工单位已经普遍接受，监理企业也要自觉接受，担负起对施工现场扬尘的管理。住建部近日发布了全国施工现场扬尘治理的工作要求，马上市住建委就要转发，希望监理单位要配合总包单位、建设单位抓好落实。

住房城乡建设部关于印发建筑业发展“十三五”规划的通知

建市[2017]98号

各省、自治区住房城乡建设厅，直辖市建委，北京市规划国土委，新疆生产建设兵团建设局，国务院有关部门建设司（局），有关中央企业，有关行业协会：

为指导和促进“十三五”时期建筑业持续健康发展，根据《中华人民共和国国民经济和社会发展第十三个五年规划纲要》《国务院办公厅关于促进建筑业持续健康发展的意见》（国办发[2017]19号）和《住房城乡建设事业“十三五”规划纲要》，我部组织编制了《建筑业发展“十三五”规划》，现印发给你们。请结合实际，认真贯彻落实。中华人民共和国住房和城乡建设部建筑市场监管司

中华人民共和国住房和城乡建设部

2017年4月26日

附件

建筑业发展“十三五”规划（摘录）

一、建筑业发展回顾（略）

二、指导思想、基本原则和发展目标

（一）指导思想。（略）

（二）基本原则。（略）

（三）发展目标。

按照住房城乡建设事业“十三五”规划纲要的目标要求，今后五年建筑业发展的主要目标是：

——市场规模目标。以完成全社会固定资产投资建设任务为基础，全国建筑业总产值年均增长7%，建筑业增加值年均增长5.5%；全国工程勘察设计企业营业收入年均增长7%；全国工程监理、造价咨询、招标代理等工程咨询服务企业营业收入年均增长8%；全国建筑企业对外工程承包营业额年均增长6%，进一步巩固建筑业在国民经济中的支柱地位。

——产业结构调整目标。促进大型企业做优做强，形成一批以开发建设一体化、全过程工程咨询服务、工程总承包为业务主体，技术管理领先的龙头企业。大力发展专业化施工，推进以特定产品、技术、工艺、工种、设备为基础的专业承包企业快速发展。弘扬工匠精神，培育高素质建筑工人，到2020年建筑业中级工技能水平以上的建筑工人数量达到300万。加强业态创新，推动以“互联网+”为特征的新型建筑承包服务方式和企业不断产生。

——技术进步目标。巩固保持超高层房屋建筑、高速铁路、高速公路、大体量坝体、超长距离海上大桥、核电站等领域的国际技术领先地位。加大信息化推广力度，应用BIM技术的新开工项目数量增加。甲级工程勘察设计企业，一级以上施工总承包企业技术研发投入占企业营业收入比重在“十二五”期末基础上提高1个百分点。

——建筑节能及绿色建筑发展目标。城镇新建民用建筑全部达到节能标准要求，能效水平比2015年提升20%。到2020年，城镇绿色建筑占新建建筑比重达到50%，新开工全装修成品住宅面积达到30%，绿色建材应用比例达到40%。装配式建筑面积占新建建筑面积比例达到15%。

——建筑市场监管目标。加快修订建筑法等法律法规，进一步完善建筑市场法律法规体系。工程担保、保险制度以及与市场经济相适应的工程造

价管理体系基本建立，建筑市场准入制度更加科学完善，统一开放、公平有序的建筑市场规则和格局基本形成。全国建筑工人培训、技能鉴定、职业身份识别、信息管理系统基本完善。市场各方主体行为基本规范，建筑市场秩序明显好转。

——质量安全监管目标。建筑工程质量安全法规制度体系进一步完善，质量安全监管机制进一步健全，工程质量水平全面提升，国家重点工程质量保持国际先进水平。建筑安全生产形势稳定好转，建筑抗灾能力稳步提高。工程建设标准化改革取得阶段性成果。

三、“十三五”时期主要任务

（一）深化建筑业体制机制改革。

改革承包监管方式。缩小并严格界定必须进行招标的工程建设项目范围，放宽有关规模标准。在民间投资的房屋建筑工程中，试行由建设单位自主决定发包方式。完善工程招标投标监管制度，落实招标人负责制，简化招标投标程序，推进招标投标交易全过程电子化，促进招标投标过程公开透明。对采用常规通用技术标准的政府投资工程，在原则上实行最低价中标的同时，推行提供履约担保基础上的最低价中标，制约恶意低价中标行为。

调整优化产业结构。以工程项目为核心，以先进技术应用为手段，以专业分工为纽带，构建合理工程总分包关系，建立总包管理有力，专业分包发达，组织形式扁平的项目组织实施方式，形成专业齐全、分工合理、成龙配套的新型建筑行业组织结构。发展行业的融资建设、工程总承包、施工总承包管理能力，培育一批具有先进管理技术和国际竞争力的总承包企业。鼓励以技术专长、制造装配一体化、工序工种为基础的专业分包，促进基于专业能力的小微企业发展。支持“互联网+”模式整合资源，联通供需，降低成本。

提升工程咨询服务业发展质量。改革工程咨询服务委托方式，研究制定咨询服务技术标准和合同范本，引导有能力的企业开展项目投资咨询、工程勘察设计、施工招标咨询、施工指导监督、工程竣工验收、项目运营管理等覆盖工程全生命周期的一体化项目管理咨询服务，培育一批具有国际水平的全过程工程咨询企业。提升建筑设计水平，健全适应建筑设计特点的招标投标制度。完善注册建筑师制度，探索在民用建筑项目中推行建筑师负责制。完善工程监理制度，强化对工程监理的监管。

（二）推动建筑产业现代化。

推广智能和装配式建筑。加大政策支持力度，明确重点应用领域，建立与装配式建筑相适应的工程建设管理制度。鼓励企业进行工厂化制造、装配化施工、减少建筑垃圾，促进建筑垃圾资源化利用。建设装配式建筑产业基地，推动装配式混凝土结构、钢结构和现代木结构发展。大力发展钢结构建筑，引导新建公共建筑优先采用钢结构，积极稳妥推广钢结构住宅。在具备条件的地方，倡导发展现代木结构，鼓励景区、农村建筑推广采用现代木结构。在新建建筑和既有建筑改造中推广普及智能化应用，完善智能化系统运行维护机制，逐步推广智能建筑。

强化技术标准引领保障作用。加强建筑产业现代化标准建设，构建技术创新与技术标准制定快速转化机制，鼓励和支持社会组织、企业编制团体标准、企业标准，建立装配式建筑设计、部品部件生产、施工、质量检验检测、验收、评价等工程建设标准体系，完善模数协调、建筑部品协调等技术标准，强化标准的权威性、公正性、科学性。建立以标准为依据的认证机制，约束工程和产品严格执行相关标准。

加强关键技术研发支撑。完善政产学研用协同创新机制，着力优化新技术研发和应用环境，针对不同种类建筑产品，总结推广先进建筑技术体系。组织资源投入，并支持产业现代化基础研究，开展适用技术应用试点示范。培育国家和区域性研发中心、技术人员培训中心，鼓励建设、工程勘察设计、施工、构件生产和科研等单位建立产业联盟。加快推进建筑信息模型（BIM）技术在规划、工程勘察设计、施工和运营维护全过程的集成应用，支持基于具有自主知识产权三维图形平台的国产 BIM 软件的研发和推广使用。

（三）推进建筑节能与绿色建筑发展。

提高建筑节能水平。推动北方采暖地区城镇新建居住建筑普遍执行节能75%的强制性标准。政府投资办公建筑、学校、医院、文化等公益性公共建筑、保障性住房要率先执行绿色建筑标准，鼓励有条件地区全面执行绿色建筑标准。加强建筑设计方案审查和施工图审查，确保新建建筑达到建筑节能要求。夏热冬冷、夏热冬暖地区探索实行比现行标准更高节能水平的标准。积极开展超低能耗或近零能耗建筑示范。大力发展绿色建筑，从使用材料、工艺等方面促进建筑的绿色建造、品质升级。制定新建建筑全装修交付的鼓励政策，提高新建住宅全装修成品交付比例，为用户提供标准化、高品质服务。持续推进既有居住建筑节能改造，不断强化公共建筑节能管理，深入推进可再生能源建筑应用。

推广建筑节能技术。组织可再生能源、新型墙材和外墙保温、高效节能门窗的研发。加快成熟建筑节能及绿色建筑技术向标准的转化。加快推进绿色建筑、绿色建材评价标识制度。建立全国绿色建筑和绿色建材评价标识管理信息平台。开展绿色建造材料、工艺、技术、产品的独立和整合评价，加强绿色建造技术、材料等的技术整合，推荐整体评价的绿色建筑产品体系。选取典型地区和工程项目，开展绿色建材产业基地和工程应用试点示范。

推进绿色建筑规模化发展。制定完善绿色规划、绿色设计、绿色施工、绿色运营等有关标准规范和评价体系。出台绿色生态城区评价标准、生态城市规划技术准则，引导城市绿色低碳循环发展。大力发展和使用绿色建材，充分利用可再生能源，提升绿色建筑品质。加快建造工艺绿色化革新，提升建造过程管理水平，控制施工过程水、土、声、光、气污染。推动建筑废弃物的高效处理与再利用，实现工程建设全过程低碳环保、节能减排。

完善监督管理机制。切实履行建筑节能减排监管责任，构建建筑全生命期节能监管体系，加强对工程建设全过程执行节能标准的监管和稽查。建立规范的能效数据统计报告制度。严格明令淘汰建筑材料、工艺、部品部件的使用执法，保证节能减排标准执行到位。

（四）发展建筑产业工人队伍。

推动工人组织化和专业化。改革建筑用工制度，鼓励建筑业企业培养和吸收一定数量自有技术工人。改革建筑劳务用工组织形式，支持劳务班组成立木工、电工、砌筑、钢筋制作等以作业为主的专业企业，鼓励现有专业企业做专做精，形成专业齐全、分工合理、成龙配套的新型建筑行业组织结构。推行建筑劳务用工实名制管理，基本建立全国建筑工人管理服务信息平台，记录建筑工人的身份信息、培训情况、职业技能、从业记录等信息，构建统一的建筑工人职业身份登记制度，逐步实现全覆盖。

健全技能培训和鉴定体系。建立政府引导、企业主导、社会参与的建筑工人岗前培训、岗位技能培训制度。研究优惠政策，支持企业和培训机构开展工人岗前培训。发挥企业在工人培训中的主导作用，积极开展工人岗位技能培训。倡导工匠精神，加大技能培训力度，发展一批建筑工人技能鉴定机构，试点开展建筑工人技能评价工作。改革完善技能鉴定制度，将技能水平与薪酬挂钩，引导企业将工资分配向关键技术技能岗位倾斜，促进建筑业农民工向技术工人转型，努力营造重视技能、崇尚技能的行业氛围和社会环境。

完善权益保障机制。全面落实建筑工人劳动合同制度，健全工资支付保障制度，落实工资月清月结制度，加大对拖欠工资行为的打击力度，不断改善建筑工人的工作、生活环境。探索与建筑业相适应的社会保险参保缴费方式，大力推进建筑施工单位参加工伤保险。搭建劳务费纠纷争议快速调解平台，引导有关企业和工人通过司法、仲裁等法律途径保障自身合法权益。

（五）深化建筑业“放管服”改革。

完善建筑市场准入制度。坚持弱化企业资质、强化个人执业资格的改革方向，逐步构建资质许可、信用约束和经济制衡相结合的建筑市场准入制度。改革建设工程企业资质管理制度，加快修订企业资质标准和管理规定，简化企业资质类别和等级设置，减少不必要的资质认定。推行“互

联网 + 政务服务"，全面推进电子化审批，提高行政审批效率。在部分地区开展试点，对信用良好、具有相关专业技术能力、能够提供足额履约担保的企业，在其资质类别内放宽承揽业务范围限制。完善个人执业资格制度，优化建设领域个人执业资格设置，严格落实注册执业人员权利、义务和责任，加大执业责任追究力度，严厉打击出租出借证书行为。有序发展个人执业事务所，推动建立个人执业保险制度。

改进工程造价管理体系。改革工程造价企业资质管理，完善造价工程师执业资格制度，建立健全与市场经济相适应的工程造价管理体系。统一工程计价规则，完善工程量清单计价体系，满足不同工程承包方式的计价需要。完善政府及国有投资工程估算及概算计价依据的编制，提高工程定额编制的科学性，及时准确反映工程造价构成要素的市场变化。建立工程全寿命周期的成本核算制度，积极开展推动绿色建筑、建筑产业现代化、城市地下综合管廊、海绵城市等各项新型工程计价依据的编制。逐步实现工程造价信息的共享机制，加强工程造价的监测及相关市场信息发布。

推进建筑市场的统一开放。打破区域市场准入壁垒，取消各地区、各行业在法律法规和国务院规定外对企业设置的不合理准入条件，严禁擅自设立或变相设立审批、备案事项。加大对各地区设置市场壁垒、障碍的信息公开和问责力度，为建筑企业提供公平市场环境。健全建筑市场监管和执法体系，建立跨省承揽业务企业违法违规行为的查处督办、协调机制，加强层级指导和监督，有效强化项目承建过程的事中事后监管。

加快诚信体系建设。加强履约管理，探索通过履约担保、工程款支付担保等经济、法律手段约束建设单位和承包单位履约行为。研究制定信用信息采集和分类管理标准，完善全国建筑市场监管公共服务平台，加快实现与全国信用信息共享平台和国家企业信用信息公示系统的数据共享交换。建立建筑市场主体黑名单制度，依法依规全面公开企业和个人信用记录，接受社会监督。鼓励有条件的地区探索开展信用评价，引导建设单位等市场主体通过市场化运作综合运用信用评价结果，营造"一处失信，处处受制"的建筑市场环境。

（六）提高工程质量安全水平。

严格落实工程质量安全责任。全面落实各方主体的工程质量安全责任，强化建设单位的首要责任和勘察、设计、施工、监理单位的主体责任。严格执行工程质量终身责任书面承诺制、永久性标牌制、质量信息档案等制度。严肃查处质量安全违法违规企业和人员，加大在企业资质、人员资格、限制从业等方面的处罚力度，强化责任追究。推进工程质量安全标准化管理，督促各方主体健全质量安全管控机制，提高工程质量安全管理水平。

全面提高质量监管水平。完善工程质量法律法规和管理制度，健全企业负责、政府监管、社会监督的工程质量保障体系。推进数字化审图，研究建立大型公共建筑后评估制度。强化政府对工程质量的监管，充分发挥工程质量监督机构作用，加强工程质量监督队伍建设，保障经费和人员，加大抽查抽测力度，重点加强对涉及公共安全的工程地基基础、主体结构等部位和竣工验收等环节的监督检查。探索推行政府以购买服务的方式，加强工程质量监督检查。加强工程质量检测机构管理，严厉打击出具虚假报告等行为。推动发展工程质量保险。

强化建筑施工安全监管。健全完善建筑安全生产相关法律法规、管理制度和责任体系。加强建筑施工安全监督队伍建设，推进建筑施工安全监管规范化，完善随机抽查和差别化监管机制，全面加强监督执法工作。完善对建筑施工企业和工程项目安全生产标准化考评机制，提升建筑施工安全管理水平。强化对深基坑、高支模、起重机械等危险性较大的分部分项工程的管理，以及对不良地质地区重大工程项目的风险评估或论证。建立完善轨道交通工程建设全过程风险控制体系，确保质量安全水平。加快建设建筑施工安全监管信息系统，通过信息化手段加强安全生产管理。建立健全全覆盖、多层次、经常性的安全生产培训制度，提升从业人员安全素质以及各方主体的本质安全水平。

推进工程建设标准化建设。构建层级清晰、配套衔接的新型工程建设标准体系。强化强制性标准、优化推荐性标准，加强建筑业与建筑材料标准对接。培育团体标准，搞活企业标准，为建筑业发展提供标准支撑。加强标准制定与技术创新融合，通过提升标准水平，促进工程质量安全和建筑节能水平提高。积极开展中外标准对比研究，提高中国标准与国际标准或发达国家标准的一致性。加强中国标准外文版译制，积极推广在当地适用的中国标准，提高中国标准国际认可度。建立新型城镇化标准图集体系，加快推进各项标准的信息化应用。创新标准实施监督机制，加快构建强制性标准实施监督“双随机”机制。

（七）促进建筑业企业转型升级。

深化企业产权制度改革。建立以国有资产保值增值为核心的国有建筑企业监管考核机制，放开企业的自主经营权、用人权和资源调配权，理顺并稳定分配关系，建立保证国有资产保值增值的长效机制。科学稳妥推进产权制度改革步伐，健全国有资本合理流动机制，引进社会资本，允许管理、技术、资本等要素参与收益分配，探索发展混合所有制经济的有效途径，规范董事会建设，完善国有企业法人治理结构，建立市场化的选人用人机制。引导民营建筑企业继续优化产权结构，建立稳定的骨干队伍及科学有效的股权激励机制。

大力减轻企业负担。全面完成建筑业营业税改增值税改革，加强调查研究和跟踪分析，完善相关政策，保证行业税负只减不增。完善工程建设领域保留的投标、履约、工程质量、农民工工资 4 类保证金管理制度。广泛推行银行保函，逐步取代缴纳现金、预留工程款形式的各类保证金。逐步推行工程款支付担保、预付款担保、履约担保、维修金担保等制度。

增强企业自主创新能力。鼓励企业坚持自主创新，引导企业建立自主创新的工作机制和激励制度。鼓励企业创建技术研发中心，加大科技研究专项投入，重点开发具有自主知识产权的核心技术、专利和专有技术及产品，形成完备的科研开发和技术运用体系。引导企业与工业企业、高等院校、科研单位进行战略合作，开展产学研联合攻关，重点解决影响行业发展的关键性技术。支持企业加大科技创新投入力度，加快科技成果的转化和应用，提高企业的技术创新水平。

（八）积极开拓国际市场。

加大市场开拓力度。充分把握“一带一路”战略契机，发挥我国建筑业企业在高速铁路、公路、电力、港口、机场、油气长输管道、高层建筑等工程建设方面的比较优势，培育一批在融资、管理、人才、技术装备等方面核心竞争力强的大型骨干企业，加大市场拓展力度，提高国际市场份额，打造“中国建造”品牌。发挥融资建设优势，带动技术、设备、建筑材料出口，加快建筑业和相关产业“走出去”步伐。鼓励中央企业和地方企业合作，大型企业和中小型企业合作，共同有序开拓国际市场。引导企业有效利用当地资源拓展国际市场，实现更高程度的本土化运营。

提升风险防控能力。加强企业境外投资财务管理，防范境外投资财务风险。加强地区和国别的风险研究，定期发布重大国别风险评估报告，指导对外承包企业有效防范风险。完善国际承包工程信息发布平台，建立多部门协调的国际工程承包风险提示应急管理系统，提升企业风险防控能力。

加强政策支持。加大金融支持力度，综合发挥各类金融工具作用，重点支持对外经济合作中建筑领域的重大战略项目。完善与有关国家和地区在投资保护、税收、海关、人员往来、执业资格和标准互认等方面的合作机制，签署双边或多边合作备忘录，为企业“走出去”提供全方位的支持和保障。加强信息披露，为企业提供金融、建设信息、投资贸易、风险提示、劳务合作等综合性的对外承包服务。

（九）发挥行业组织服务和自律作用。

充分发挥行业组织在订立行业规范及从业人员行为准则、规范行业秩序、促进企业诚信经营、履行社会责任等方面的自律作用。提高行业组织在促进行业技术进步、提升行业管理水平、制定团体标准、反映企业诉求、反馈政策落实情况、提出政策建议等方面的服务能力。

2017年5月开始实施的工程建设标准

序号	标准编号	标准名称	发布日期	实施日期
1	JGJ 166-2016	建筑施工碗扣式钢管脚手架安全技术规范	2016-11-15	2017-5-1
2	JGJ 147-2016	建筑拆除工程安全技术规范	2016-11-15	2017-5-1
3	JGJ/T 397-2016	公墓和骨灰寄存建筑设计规范	2016-11-15	2017-5-1
4	CJJ 252-2016	城镇污水再生利用设施运行、维护及安全技术规程	2016-11-15	2017-5-1
5	CJJ/T 256-2016	中低速磁浮交通供电技术规范	2016-11-15	2017-5-1
6	CJJ 36-2016	城镇道路养护技术规范	2016-11-15	2017-5-1
7	CJJ/T 241-2016	城镇供热监测与调控系统技术规程	2016-11-15	2017-5-1
8	CJJ/T 239-2016	城市桥梁结构加固技术规程	2016-11-15	2017-5-1
9	CJJ/T 259-2016	城镇燃气自动化系统技术规范	2016-11-15	2017-5-1
10	JG/T 161-2016	无粘结预应力钢绞线	2016-11-15	2017-5-1
11	CJ/T 47-2016	水处理用滤砖	2016-11-15	2017-5-1
12	CJ/T 504-2016	高密度聚乙烯护套钢丝拉索	2016-11-15	2017-5-1
13	JG/T 503-2016	承插型盘扣式钢管支架构件	2016-11-15	2017-5-1

2017年6月开始实施的工程建设标准

序号	标准编号	标准名称	发布日期	实施日期
		国标		
1	GB/T 51231-2016	装配式混凝土建筑技术标准	2017-1-10	2017-6-1
2	GB/T 51232-2016	装配式钢结构建筑技术标准	2017-1-10	2017-6-1
3	GB/T 51233-2016	装配式木结构建筑技术标准	2017-1-10	2017-6-1
		行标		
1	JGJ/T 389-2016	组装式桁架模板支撑应用技术规程	2016-12-15	2017-6-1
2	JGJ/T 391-2016	绿色建筑运行维护技术规范	2016-12-15	2017-6-1
3	JGJ 36-2016	宿舍建筑设计规范	2016-12-15	2017-6-1
4	JGJ 153-2016	体育场馆照明设计及检测标准	2016-12-15	2017-6-1
5	JGJ/T 399-2016	城市雕塑工程技术规程	2016-12-15	2017-6-1
6	CJJ/T 260-2016	道路深层病害非开挖处治技术规程	2016-12-15	2017-6-1
		产品行标		
1	CJ/T 509-2016	拦污用栅条式格栅	2016-12-6	2017-6-1
2	JG/T 509-2016	建筑装饰用无纺墙纸	2016-12-6	2017-6-1
3	JG/T 510-2016	纺织面墙纸（布）	2016-12-6	2017-6-1
4	CJ/T 507-2016	重力式污泥浓缩池周边传动浓缩机	2016-12-6	2017-6-1
5	JG/T 508-2016	外墙水性氟涂料	2016-12-15	2017-6-1
6	CJ/T 506-2016	堆肥翻堆机	2016-12-15	2017-6-1
7	CJ/T 151-2016	薄壁不锈钢管	2016-12-15	2017-6-1
8	CJ/T 152-2016	薄壁不锈钢卡压式和沟槽式管件	2016-12-15	2017-6-1
9	CJ/T 508-2016	污泥脱水用带式压滤机	2016-12-15	2017-6-1

（冷一楠　收集）

本期焦点

全过程工程咨询服务

编者按：

为促进建筑业持续健康发展，今年2月，国务院办公厅发布了《关于促进建筑业持续健康发展的意见》（国办发[2017]19号）文件，明确要求要培育一批具有国际水平的全过程工程咨询企业。对于政府投资的工程要带头推行全过程工程咨询，给非政府投资工程起到示范引导作用；对于民用建筑项目，要充分发挥建筑师的主导作用，鼓励其提供全过程工程咨询服务。

为贯彻落实《国务院办公厅关于促进建筑业持续健康发展的意见》，近日住建部印发了《住房城乡建设部关于开展全过程工程咨询试点工作的通知》（建市[2017]101号），选择了北京、上海、江苏、浙江、福建、湖南、广东、四川8省（市）以及中国建筑设计院有限公司等40家企业开展为期2年的全过程工程咨询试点。

此前，江苏省住建厅在2016年底就推出整合工程招标、造价、监理咨询，推进全过程咨询服务。如今住建部拟推进企业在民用建筑项目提供项目策划、技术顾问咨询、建筑设计、施工指导监督和后期跟踪等全过程服务。并且培育全过程工程咨询企业，鼓励建设项目实行全过程工程咨询服务。

本期编辑刊登了部分人员对于开展全过程咨询服务的一些想法与看法，供广大读者进行交流与讨论。

住房城乡建设部关于开展全过程工程咨询试点工作的通知

建市[2017]101号

各省、自治区住房城乡建设厅，直辖市建委，北京市规划国土委，新疆生产建设兵团建设局，各试点企业：

为贯彻落实《国务院办公厅关于促进建筑业持续健康发展的意见》（国办发[2017]19号），培育全过程工程咨询，经研究，决定选择部分地区和企业开展全过程工程咨询试点，现就有关事项通知如下：

一、试点目的

通过选择有条件的地区和企业开展全过程工程咨询试点，健全全过程工程咨询管理制度，完善工程建设组织模式，培养有国际竞争力的企业，提高全过程工程咨询服务能力和水平，为全面开展全过程工程咨询积累经验。

二、试点地区、企业

选择北京、上海、江苏、浙江、福建、湖南、广东、四川8省（市）以及中国建筑设计院有限公司等40家企业（名单见附件）开展全过程工程咨询试点。

试点工作自本通知印发之日开始，时间为2年。我部将根据试点情况，对试点地区和试点企业进行调整。

三、试点工作要求

（一）制订试点工作方案。试点地区住房城乡建设主管部门、试点企业要加强组织领导，制订试点工作方案，明确任务目标，积极稳妥推进相关工作。试点工作方案于2017年6月底前报我部建筑市场监管司。

（二）创新管理机制。试点地区住房城乡建设主管部门要研究全过程工程咨询管理制度，制定全过程工程咨询服务技术标准和合同范本等文件，创新开展全过程工程咨询试点。

（三）实现重点突破。试点地区住房城乡建设主管部门、试点企业要坚持政府引导与市场选择相结合的原则，因地制宜，探索适用的试点模式，在有条件的房屋建筑和市政工程领域实现重点突破。

（四）确保项目落地。试点地区住房城乡建设主管部门要引导政府投资工程带头参加全过程工程咨询试点，鼓励非政府投资工程积极参与全过程工程咨询试点。同时，切实抓好试点项目的工作推进，落地一批具有影响力、有示范作用的试点项目。

（五）实施分类推进。试点地区住房城乡建设主管部门要引导大型勘察、设计、监理等企业积极发展全过程工程咨询服务，拓展业务范围。在民用建筑项目中充分发挥建筑师的主导作用，鼓励提供全过程工程咨询服务。

（六）提升企业能力。试点企业要积极延伸服务内容，提供高水平全过程技术性和管理性服务项目，提高全过程工程咨询服务能力和水平，积累全过程工程咨询服务经验，增强企业国际竞争力。

（七）总结推广经验。试点地区住房城乡建设主管部门、试点企业要及时研究解决试点工作中的新情况、新问题，不断总结经验和不足，提高试点工作成效，每季度末向我部建筑市场监管司报送试点工作进展情况。我部将及时总结和推广试点工作经验。

附件：全过程工程咨询试点企业名单

中华人民共和国住房和城乡建设部

2017 年 5 月 2 日

附件

全过程工程咨询试点企业名单

1. 中国建筑设计院有限公司
2. 北京市建筑设计研究院有限公司
3. 中国中元国际工程有限公司
4. 中冶京诚工程技术有限公司
5. 中国寰球工程有限公司
6. 北京市勘察设计研究院有限公司
7. 建设综合勘察研究设计院有限公司
8. 北京方圆工程监理有限公司
9. 北京国金管理咨询有限公司
10. 北京希达建设监理有限责任公司
11. 京兴国际工程管理有限公司
12. 中国市政工程华北设计研究总院有限公司
13. 中国天辰工程有限公司
14. 同济大学建筑设计研究院（集团）有限公司
15. 华东建筑设计研究院有限公司
16. 上海市政工程设计研究总院（集团）有限公司
17. 上海华城工程建设管理有限公司
18. 上海建科工程咨询有限公司
19. 上海市建设工程监理咨询有限公司
20. 上海同济工程咨询有限公司
21. 启迪设计集团股份有限公司
22. 中衡设计集团股份有限公司
23. 江苏建科建设监理有限公司
24. 中国电建集团华东勘测设计研究院有限公司
25. 中国联合工程公司
26. 宁波高专建设监理有限公司
27. 浙江江南工程管理股份有限公司
28. 福建省建筑设计研究院
29. 深圳市建筑设计研究总院有限公司
30. 悉地国际设计顾问（深圳）有限公司
31. 广东省建筑设计研究院
32. 深圳市华阳国际工程设计股份有限公司
33. 广州轨道交通建设监理有限公司
34. 海南新世纪建设项目咨询管理有限公司
35. 林同棪国际工程咨询（中国）有限公司
36. 重庆赛迪工程咨询有限公司
37. 中国建筑西南设计研究院有限公司
38. 成都衡泰工程管理有限责任公司
39. 四川二滩国际工程咨询有限责任公司
40. 中国建筑西北设计研究院有限公司

全过程工程咨询，唤醒建筑服务业价值春天

浙江五洲工程项目管理有限公司　郑辉

为进一步深化建筑业“放管服”改革，加快产业升级，提升工程质量安全水平，增强从业企业核心竞争力，促进建筑业持续健康发展，近日，国务院办公厅印发《关于促进建筑业持续健康发展的意见》国办发[2017]19号（以下简称《意见》），这也是国务院层面首次针对建筑业发展方向的发文。《意见》在完善工程建设组织模式条款中明确提出培育全过程工程咨询，鼓励投资咨询、勘察、设计、监理、招标代理、造价等企业采取联合经营、并购重组等方式发展全过程工程咨询；鼓励非政府投资工程和民用建筑项目积极尝试全过程工程咨询服务；鼓励推广的全过程工程咨询服务模式覆盖面广、涉及专业多、管理界面宽，并强调贯穿建筑工程寿命周期的各个阶段。

近期，厦门市发文推行“设计监理”，江苏省印发《关于推进工程建设全过程项目管理咨询服务的指导意见》，国家和各省市地区相关指导政策和制度的相继出台，都预示着全过程工程咨询将成为建筑服务业发展的必然方向，我国建设工程管理模式正朝着更为全面和综合的良好趋势发展。

一、建筑服务业的现状

传统建设工程的目标、计划、控制都以参与单位个体为主要对象，项目管理的阶段性和局部性割裂了项目的内在联系，导致项目管理存在明显的管理弊端，这种模式已经与国际主流的建设管理模式脱轨。“专而不全”“多小散”企业的参与，通常会导致项目信息流通的断裂和信息孤岛现象，致使整个建设项目缺少统一的计划和控制系统，业主无法得到完整的建筑产品和完备的服务。

现阶段建设工程普遍具有规模化、群体化和复杂化等特征，而通常不具备项目管理能力的业主方必须参与建设过程，并需要承担许多管理工作和由此带来的责任风险，大量成本、时间和精力将被消耗在各种界面沟通和工作协调上，甚至会出现众多参建方相互制衡和各项管理目标失控等复杂情况。虽然随着市场的演变逐步发展出了类似“代建整合+专业服务”的管理模式，但从客观的角度来看，以代建方为主附带其他单项或多项的服务模式依旧没有从根本上解决传统建设模式之间分散和割裂的固有缺陷，这也导致建筑服务市场长期存在“小、散、乱、差”的窘境。

二、行业集中度提升是建筑业变革的必然趋势

回顾过去的两年，建筑行业出现重大变革趋势，从业企业发展陷于“坡顶”困境。人工、材料、运营成本处于历史高位，“营改增”等重大政策相继出台，经营压力前所未有……但是恰恰此时，房建领域的建设高峰一去不复返，市场需求缓慢下降，新兴的商业模式不断碾压传统模式发展，大型央企和民营企业之间的竞争边界日益模糊，转而代之的是“僧多粥少”的惨烈竞争局面。

推行全过程服务是深化我国工程建设项目组织实施方式改革，是提高工程建设管理水平，提升行业集中度，保证工程质量和投资效益，规范建筑

市场秩序的重要措施。同时也是我国现有勘察、设计、施工、监理等从业企业调整经营结构，谋划转型升级，增强综合实力，加快与国际建设管理服务方式接轨，是去除现有“小、散、乱、差”窘境的最佳举措，更是适应社会主义市场经济发展的必然要求。

三、全过程工程咨询的服务优势和意义

全过程工程咨询是指涉及建设工程全生命周期内的策划咨询、前期可研、工程设计、招标代理、造价咨询、工程监理、施工前期准备、施工过程管理、竣工验收及运营保修等各个阶段的管理服务。高度整合的服务内容可助力项目实现更快的工

工程建设模式分析对比

① 传统建设模式

设计 监理 代建 咨询 造价 招标

② 代建整合+专业服务

代建 设计 招标 监理 造价 咨询

③ 全过程工程咨询

设计 监理 代建 咨询 造价 招标

期、更小的风险、更省的投资和更高的品质等目标，同时也是政策导向和行业进步的体现。

（一）更省的投资

模式承包商单次招标的优势，可使其合同成本大大低于传统模式下设计、造价、监理等参建单位多次发包的合同成本，实现“1+1<2”的效益。由于咨询服务商服务覆盖全过程，整合了各阶段工作服务内容，更有利于实现全过程投资控制，通过限额设计、优化设计和精细化管理等措施降低“三超”风险，提高投资收益，确保项目的投资目标。

（二）更快的工期

由一家单位提供全过程工程咨询服务的情况下，一方面，承包单位可最大限度处理内部关系，大幅度减少业主日常管理工作和人力资源投入，有效减少信息漏斗，优化管理界面；另一方面，模式不同于传统模式冗长繁多的招标次数和期限，可有效优化项目组织和简化合同关系，并克服设计、造价、招标、监理等相关单位责任分离、相互脱节的矛盾，缩短项目建设周期。

（三）更高的品质

各专业过程的衔接和互补，可提前规避和弥补原有单一服务模式下可能出现的管理疏漏和缺陷，承包商既注重项目的微观质量，更重视建设品质、使用功能等宏观质量。模式还可以充分调动承包商的主动性、积极性和创造性，促进新技术、新工艺、新方法的应用。

（四）更小的风险

五方主体责任制和住建部工程质量安全三年提升行动背景下，建设单位的责任风险加大，服务商作为项目的主要参与方和负责方，势必发挥全过程管理优势，通过强化管控减少甚至杜绝生产安全事故，从而较大程度降低或规避建设单位主体责任风险。同时，可有效避免因众多管理关系伴生的廉洁风险，有利于规范建筑市场秩序，减少违法违规的行为。

（五）模式的重要意义

模式的提出，符合供给侧改革指导思想，有利于革除影响行业前进的深层次结构性矛盾，提升行业集中度，是国家宏观政策的价值导向，更是行

业发展不可阻挡的趋势；模式的推广，有利于集聚和培育出适应新形势的新型建筑服务企业，加快我国建设模式与国际建设管理服务方式接轨；模式的发展，对于提升建设管理行业的服务价值，重塑原有行业企业形象有着重要意义。

由于全过程工程咨询模式的覆盖面广、涉及专业多、管理界面宽，对提供服务的企业专业资质和综合能力提出较高要求，现阶段，业内可真正提供全过程工程咨询服务和工程总承包的企业相对较少。

四、五洲管理全过程工程咨询能力的打造

（一）全过程服务的战略制定

作为行业内为数不多的起步早、资质全、要素齐、发展快的全过程一站式建筑服务型企业，五洲管理深知传统工程项目管理各专业相互割裂的情况，更对传统模式下存在的责任约束软化、建设管理不善、监督监管不力、资源浪费严重等方面的不足有着深刻的理解，并认为全过程一站式服务将会成为行业未来的主流。

为此，五洲管理明确了企业发展的“三步走战略”，从第一步夯实基础，做精、做专、做好传统建筑服务业逐步向第二步整合各阶段建筑服务产品，再到第三步形成全过程服务能力。这一战略成为五洲管理创业发展的重要思想并贯彻始终，指导五洲管理走上整合各专业服务，打造全过程、综合性、一体化项目管理企业的发展道路。现如今看来，这与国家近期发文鼓励发展全过程工程咨询服务的思路不谋而合，战略的正确性和重要意义不言而喻。

（二）全过程服务的要素积累

回顾五洲管理的发展历程，是一个紧密贴合行业发展趋势，始终围绕一体化发展战略，积累要素的过程。五洲管理按照全过程项目管理所涉专业要求，于2003年组建了浙江省内最早的项目管理公司，2005年吸收合并了工程咨询公司，2007年组建了造价咨询公司，2008年收购台州当地的一家乙级监理公司，2011年收购甲级设计院并完成了招标、咨询、造价等各专业的整合重组。

通过收购、兼并、重组和自行申报等多种形式，五洲管理逐步完成了建筑设计、综合监理、工程代建、工程咨询、造价咨询、政府采购、招标代理等二十余项甲级资质和完备的业务体系。

此外，公司建立了与之所匹配的产品、人才、服务、管控体系，并突破了传统监理局限于施工阶段服务的瓶颈，实现了向前向后的多方面延伸，适时拓展了全过程工程咨询、工程总承包等产品。经过十余年砥砺前行，五洲管理已经成长的实力强、服务广、创新多的综合性工程项目管理品牌服务商。

因为起步早，全过程工程咨询产品真正被市场和客户接受也是经历了一个循序渐进的过程。五洲管理最初依托全资质优势，注重做精做专设计、监理、代建、咨询、招标、造价等传统单项业务，随着客户需求的变化，公司对各阶段服务内容进行有效整合，实现从单一管理服务转变为多项服务组合的模式转变。如厦门提出的“设计监理”服务，五洲管理早在2008年就在多个监理服务的项目中进行了实践，而设计监理只是全过程工程咨询当中的一种具体应用，公司还为台州王林洋安置房项目提供“设计＋造价＋监理＋项目管理”的“四位一体”服务，为大江东河庄街道安置房工程提供“设计＋全过程代建”，为金义综合保税区提供“监理＋代建”服务，为福建福鼎医院百胜院区提供“设计监理＋施工监理”等一系列量身定制、按需组合的服务。最终，凭借全专业产品优势和组合服务模式积累，五洲管理形成了提供全过程工程咨询服务的综合能力，成为国内为数不多的可提供贯穿建设工程全生命周期“全产品”服务链的企业。

迎接行业机遇，谋划转型升级成为五洲管理应对外部环境的新动作。公司不再囿于传统业务结构，更多地开始考虑迎合行业和市场需求，拓展全过程咨询、工程总承包、建筑产业化等多形式、多方面的产品服务。五洲管理将积极迎合行业变革“风口”，脚踏实地走出一条引领建设工程管理模式新发展的道路。

谈工程建设全过程项目管理咨询服务的创新发展

苏州城市建设项目管理有限公司　缪玉国

摘　要：工程建设行业的工程咨询业务是建立在工程项目管理基础之上的，同时又以服务建设工程项目作为目标，通过合理地运用工程科学技术，并根据工程实际情况，为工程建设项目的决策以及全过程管理提供最为科学、合理、有效的咨询服务。但是，就目前我国的工程建设项目而言，许多建设工程的咨询服务由于各类原因，还存在一定的问题，进而停留在工程建设的某一个阶段，在一定程度上严重制约了建设工程项目的顺利有序开展。因此，为了能够有效地解决传统工程当中的咨询服务缺点，就出现了业务范围更广同时整合能力更强的全过程咨询服务机构，其目的是为了更好地提高服务水平，在原有服务目标的基础之上全面实行项目管理的集约化，极大提高工程项目业主方的投资回报率，这已经成为目前国内外工程项目管理咨询服务模式最新的发展方向。

关键词：工程建设　全过程项目管理　咨询服务　创新发展

前言

随着我国国民经济发展进程不断加快，各行各业在建设过程中对于投资体制的咨询需求不断增加，这为工程咨询行业的发展提供了广阔的平台和新的契机。咨询行业所服务的范围更广、更大，行业发展水平也得到了相应的提升。然而，由于我国工程咨询行业起步较晚，目前还存在着产品单一、从业人员素质较低、改革进程缓慢、行业机制不健全等一系列问题。因此，如何才能更好地促进我国工程咨询业深入体制改革，创新发展思路成为目前行业发展的重点。

全过程工程项目管理咨询服务是指从事工程项目管理咨询服务的企业，受建设单位委托，在建设单位授权范围内对工程建设全过程进行的专业化管理咨询服务活动。推进工程建设全过程项目管理咨询服务是深化工程建设项目组织实施方式改革，提高工程建设管理和咨询服务水平，保证工程质量和投资效益的重要举措。为贯彻落实住房城乡建设部《关于开展建筑业改革发展试点工作的通知》（建市[2014]64号）和《关于推进建筑业发展和改革的若干意见》（建市[2014]92号）文件部署要求，根据江苏省住房和城乡建设厅印发《关于推进工程建设全过程项目管理咨询服务的指导意见》的通知（苏建建管[2016]730号）内容，结合当前实际情况，对工程建设全过程项目管理咨询服务的创新发展进行分析，供同行参考。

一、工程全过程项目管理咨询对建设工程项目的必要性

伴随我国经济不断向前发展，推动并实现国家经济全球化发展，促进建筑业与国际接轨是重要举措，工程咨询是建筑业国际化的必要条件。

（一）贯彻可持续发展

工程全过程项目管理咨询有利于建筑业的可持续发展，经济的可持续发展必然带动整个社会不断向前。近些年来国家提出了科学发展观、可持续发展观，为了推动经济发展，作为支柱产业的建筑业也应贯彻可持续发展观，工程建设过程中充分利用资源、保护环境，工程全过程项目管理咨询是在不盲目实施建设项目的情况下，更有利于可持续建筑业发展目标的实现。工程咨询能充分发挥出行业特长作用，在项目规划上可体现出“节约”“保护”等可持续理念。

（二）及时发现不足之处

工程全过程项目管理咨询可以及时发现企业项目规划的不合理之处，对整体规划进行一个全面的评估，梳理其中存在的问题，进而及时做相应的更改，或是提出相应的解决及防范措施意见和建议。建设工程耗资大，为了避免不必要的资源资金浪费，节约工程成本，进行工程项目咨询有极强必要性，只要对项目实现整体把控，资源不恰当使用而造成的浪费现象就会大幅度减少，使建筑工程建设得到更好的发展。

二、我国工程咨询业存在的问题

（一）工程咨询单位业务范围不全面

在实际建设的过程中，工程咨询业形成了人为的分阶段分部门为建设项目进行咨询服务的模式，工程咨询业服务过程很难做到全过程的控制与管理，纵观目前市场，现阶段工程咨询单位主要集中在投资策划与可行性研究阶段，一些咨询公司只做一些投资估算与可研报告的编制，而设计阶段在国内还没形成咨询，在施工阶段由监理公司来承担建设项目的质量和工期的监督管理，造价由造价咨询公司来进行，其他阶段由其他单位完成，所以当前只有很少的咨询公司能够提供建设项目的全过程咨询服务。

（二）工作人员专业水平不到位

目前，由于我国大部分的工程咨询企业还难以形成独立的服务意识，因此，在提供咨询服务的过程中可能还会受到各种因素的影响，特别是在很多的新建项目当中极容易出现“可批性”的报告，但其实工程咨询企业并没有真正地进行相关调研。同时，该行业本身就是一个集大家智慧和力量的服务行业，因此要求相关工作人员要具备一定的专业素质以及相对比较丰富的工作经验，而在当前，只是片面重视了企业的咨询服务资质，忽视了从业工作人员的实际工作水平，特别是部分从业人员只精通某一个方面的专业知识，总体的专业素质并不高。就目前而言，只是施工阶段的服务相对比较成熟，大部分的咨询服务人员并不能够协调好各个方面的利害，也就在一定程度上降低了工程项目的整体利益。

三、工程建设全过程项目管理咨询服务原则

（一）提高产业集约度

推进监理行业结构调整，消除监理孤岛，促进监理企业为委托人提供全过程项目管理咨询服务，实现项目全寿命周期的投资目标、进度目标、质量目标的规划和管理，成为工程领域系统服务供应商。

（二）提高行业集中度

推进监理与项目管理服务一体化发展，培育一批智力密集型、技术复合型、管理集约型的大型工程咨询服务企业，发挥行业示范引领作用。

（三）提高人才集聚度

大力培养高素质的工程项目管理咨询人才，优化和提升行业从业人员素质和水平，吸纳一批懂技术、懂管理、懂经济的高端人才进入工程咨询服务行业。

四、工程建设全过程项目管理咨询服务发展对策

（一）加强政府引导

鼓励依法必须实行监理的工程建设项目采用全过程项目管理咨询服务的方式。对于国有资金控股或者占主导地位的工程建设项目，提倡采用全过程项目管理咨询服务的方式进行工程管理服务。明确对于选择具有相应工程监理资质的企业开展项目管理服务的工程，可不再另行委托监理单位。

（二）明确从业要求

开展全过程项目管理咨询服务的企业应具备与所承担工程规模相符的工程监理资质，以及相应的前期咨询、招标代理、造价咨询等一项或多项资质。担任全过程项目管理咨询服务团队负责人应当具有与工程规模相符的注册监理工程师、注册建筑师或一级注册建造师的执业资格并在项目管理咨询企业注册。委托内容中包含招标代理或造价咨询服务时，其项目管理咨询团队中的招标代理负责人或造价咨询负责人应当具有注册造价工程师执业资格并在项目管理咨询企业注册。其余项目管理咨询服务团队的人员也应符合国家和省现行相关行业从业人员的规定。

（三）强化职责落实

全过程项目管理咨询服务实行项目咨询经理责任制，项目咨询经理由项目管理咨询企业授权，组织领导项目管理咨询服务团队工作，代表项目管理咨询企业对委托方负责。对必须实行监理的工程建设项目，可以由具备注册监理工程师执业资格并在项目管理咨询企业注册的项目咨询经理履行项目总监理工程师职责，并承担总监理工程师的法定责任；也可以由项目管理咨询企业另外指定符合要求的人员担任项目总监理工程师，履行相应职责。对必须实行监理的工程建设项目，由项目管理咨询企业依据全过程项目管理咨询服务合同履行相关法律法规规定的工程监理职责。

（四）规范取费行为

全过程项目管理咨询服务费用应当根据受委托工程项目规模和复杂程度、服务范围与内容等，由建设单位与项目管理咨询服务企业在签订全过程项目管理咨询服务合同中约定。服务费用的计取可按照所委托的项目代建、前期咨询、工程监理、招标代理和造价咨询取费分别计算后叠加。建设单位对项目管理咨询企业提出并落实的合理化建议，应当按照相应节省投资额或产生的效益的一定比例给予奖励，奖励比例在合同中约定。行业协会可通过成本计算及综合评估制订和发布项目管理咨询服务收费行业指导价。

（五）加强组织领导

在当地政府统一领导下，各级住房城乡建设主管部门要加强同发改、财政等部门的统筹协调，建立协同工作机制，共同推进全过程项目管理咨询服务相关工作。要充分认识工程监理行业改革发展的重要性，因地制宜研究提出推进工程建设全过程项目管理咨询服务的措施，完善配套政策，组织具体实施，确保有关工作取得成效。

（六）加大监督指导

各级住房城乡建设主管部门应当加大对全过程项目管理咨询服务活动的指导，研究解决推进工作中发现的问题，及时总结经验，改进工作方法。要加强对项目管理咨询服务企业及其从业人员服务行为的监督管理，建立企业及其人员的信用评价体系，对有违法违规行为的企业和人员记入不良行为记录，并进行处罚和曝光。

（七）发挥行业协会作用

行业协会应当积极开展项目管理咨询服务业务培训，大力培养工程管理服务专业人才，提升企

业和从业人员服务能力。鼓励各级协会围绕服务成本、服务质量、市场供求状况等进行深入调查研究，制定全过程项目管理咨询服务标准、行为规则，指导和规范工程项目管理咨询服务活动。

五、工程建设全过程项目管理咨询服务发展方向

（一）转变行业发展管理思路

思路是行业发展方向的决定性因素，不断创新、完善管理思路是促进工程咨询服务业进一步发展的必然选择。在我国工程咨询业发展初期，受西方发达国家咨询业发展模式的影响，也普遍采用以市场控发展的管理理念。实践证明该调控机制下容易造成信息不对称、遏制小微企业发展等不良后果，不利于行业的全面发展。因此，政府调控机制逐渐引入到工程咨询机制中。通过政府出台相应的规章制度，达到规范企业行为、保护中小微企业利益、规避恶性竞争等目的，并取得了比较显著的效果。

我国工程咨询业由此进入健康、规范化的发展状态。后期可以随着行业的进一步扩大化发展，行业自律机制被引入到工程咨询服务业管理调控之中，成为维护企业共同利益、促进公平竞争的有效手段，实现行业的自主管理与调控。为此，国内工程咨询业自发建立起不同规模的协会并制定了相应的规范、章程以及相应的惩罚制度，从而形成了行业内部规范化的发展模式。市场、政府、自律三者联合调控下的工程咨询服务业发展管理思路是随着行业发展逐步探索形成的创新管理理念，也是我国该行业发展的必然趋势。

（二）发展基于企业声誉的工程咨询企业自律管理机制

当前，伴随着我国建设工程项目的建设规模、技术复杂程度和投资总额不断增大，业主对工程咨询企业也提出了更高更细的要求。这就要求建设工程咨询企业应努力适应当前我国建设工程项目的实际特点，并与国际先进的工程咨询模式接轨，运用现代化的技术和科学有效的管理手段，对建设项目进行连续性的全过程控制，使建设项目从项目立项开始就朝着可控方向发展，这也是当前世界建设工程咨询服务的发展潮流，也是我国建设工程咨询服务的发展方向。

良好的工程建设全过程咨询服务是能以较低的成本为业主提供相关原始数据及其分析结果，其主要包含以下几方面：项目数据库、价格信息数据库和建设政策法规数据库等。在此背景下，开展工程建设全过程工程咨询服务，让专业的社会化的机构对其建设项目的全过程采取连续性的可控服务，实施建设项目的精确化管理，对提高我国建设工程项目的决策设计、招投标、施工和竣工验收各阶段的管理效率具有显著的促进作用。

结语

综上所述，工程咨询服务企业若能提供全过程服务，则可提高其业务水平，促进我国咨询服务体系与国外先进的体系接轨，也为我国走向国际建筑市场做好充分的准备，咨询企业应该引进更多的人才，学习先进的思想，结合我国的实际情况，提升建设水平，协调参建各方的利益，提高我国的资产收益率，为我国实现可持续发展提供保障。

参考文献：

[1] 关于推进工程建设全过程项目管理咨询服务的指导意见.江苏省住房和城乡建设厅，2016.12.

[2] 李萍.工程建设全过程造价咨询服务问题[J].中国招标，2015，(35)．

[3] 林钢.全过程造价咨询业务运营模式探析[J].建筑，2013，(04)．

[4] 郭淳.浅析建设项目全过程造价咨询服务体系的构建[J].中国新技术新产品，2011，(20)．

[5] 何鸿.建设工程全过程造价咨询服务内涵研究[J].安徽建筑，2009，(03)．

建设监理与工程咨询管理模式协调发展

山西雅晟工程项目管理有限责任公司　孟三虎

摘　要：随着中国的入世和建筑市场对全方位、全过程项目管理服务的需求越来越迫切，监理行业作为目前工程管理咨询服务业存在的主要形式，由于其本身业务范围过窄等局限，正面临重大的结构调整和重组。监理企业只有适应市场需求，由建设监理向工程咨询服务方向发展，才能在工程建设领域发挥更大的作用。

工程咨询服务的兴起为建设行业注入了新的生机和活力，但制度的完善和市场的接受还有个过程，逐步形成适合我国国情和工程实际的工程咨询服务，最终结果不是工程咨询服务取代建设监理，而是建设监理融入工程咨询服务中协调发展。

关键词：建设监理　工程咨询服务　发展方向

随着中国的入世和建筑市场对全方位、全过程项目管理服务的需求越来越迫切，监理行业作为目前工程管理咨询服务业存在的主要形式，由于其本身业务范围过窄等局限，正面临重大的结构调整和重组。监理企业只有适应市场需求，由建设监理向工程咨询服务方向发展，才能在工程建设领域发挥更大的作用。

工程咨询服务的兴起为建设行业注入了新的生机和活力，但制度的完善和市场的接受还有个过程，逐步形成适合我国国情和工程实际的工程咨询服务，最终结果不是工程咨询服务取代建设监理，而是建设监理融入工程咨询服务中协调发展。

实行工程监理制度是我国建设管理制度的一项重大改革措施，是计划经济向市场经济转轨的必然，是适应国际市场与国际建设惯例接轨的需要。推行工程监理制度的十多年间，我国建设领域取得了举世瞩目的成就，工程监理队伍不断发展壮大。但是，在工程监理工作取得成就的同时，一些问题也逐渐暴露出来：由于我国对监理企业这种新兴企业还缺乏比较深刻的认识，同时我国工程建设市场仍然有着诸多不规范的地方。因此，我国监理企业目前的发展状况还远不能令人满意。监理公司普遍存在缺乏自我发展的内在动力，职工的积极性难以充分调动的现象。

目前，我国监理企业经营机制中存在如下问题：

1. 规模小：平均每家公司自有员工 40 人左右。其中注册监理工程师 10 人左右。承接业务的能力较弱，竞争力普遍不高。不熟悉国际工程管理的规则和当地国家的法律，无法走出国门参与国际市场。建设市场条块分割，保护主义倾向严重。甲级监理公司难以跨地区、跨行业承接监理业务。

2. 人员素质：知识结构单一，只有工程建设方面的专业技术，缺乏管理、法律、经济方面的知识和经验；外语水平和计算机应用能力不足。

3. 招投标行为不规范，走形式，无法形成“优胜劣汰”的良性循环局面。

4. 劳动效率低：按专业设岗，一个萝卜一个坑。当项目小时，工作量就不饱满。小公司易发生有人，没项目做；有了项目，却缺人，急于找人做。大公司项目多，人员间易调配。

5. 收费低、人均产值低，难以吸引或留住优秀高层次人才。

6. 公司靠人海战术做大，增加企业管理难度。

7. 责任大，风险大：安全管理加到监理身上，造成责、权、利不对等。

8. 社会认知度不高。

9. 监理业务单一。

这些问题的存在是监理企业的经营机制不合理、不科学所造成的。

受我国行政管理体制、投资体制等影响，监理企业只局限于对施工过程进行监督管理。很少涉及咨询服务。这与推行监理制度的初衷相悖，也不符合国际惯例。不可否认，目前不少监理企业已将施工阶段的监督管理工作做得相当优秀，积累了大量的工程施工方面的技术和管理经验，但所有这些和全过程、全方位的工程项目管理还相距甚远。伴随着建筑市场的扩大发展，建设项目的进一步复杂化、大型化，尤其是在我国加入 WTO 后，国外建筑企业先进的管理技术和理念逐步引入，监理行业自身的问题凸现得更加明显，所面临的竞争相当激烈。

监理的定位问题，一直是束缚着我国监理行业发展的原因之一。由于政府关注和强调质量监理，限制了监理提供专业化服务的范围，加之绝大多数的监理公司都不具备建设前期的工程咨询能力，且工程的可行性研究又属于计划部门管理，诸多原因导致工程监理仅限于工程实施阶段，使得监理的路越走越窄，失去了发展的空间。造成这种状况既有体制上、认识上的原因，也有建设单位需求和监理企业素质及能力等原因。

但是应当看到，随着项目法人责任制的不断完善，以及民营企业和私人投资项目的大量增加，建设单位将对工程投资效益愈加重视，工程前期决策阶段的监理将日益增多。从发展趋势看，代表建设单位进行全方位、全过程的工程项目管理，将是我国工程监理行业发展的趋向。当前，应当按照市场需求多样化的规律，积极扩展监理服务内容，包括工程咨询服务。要从现阶段以施工阶段为主，向全过程、全方位监理发展，即不仅要进行施工阶段质量、投资和进度控制，做好合同管理、信息管理和组织协调工作，而且要进行决策阶段和设计阶段的工程咨询服务。只有实施全方位、全过程监理，才能更好地发挥建设监理的作用。

因此，要改变监理行业的现状，扩大监理服务范围，开辟咨询服务领域将成为部分监理企业生存与发展的必由之路。

工程咨询可以分为前期咨询（项目建议书、可研报告）设计咨询、实施咨询和项目后评估，工程咨询贯穿于整个工程当中。狭义上的工程咨询只指前期咨询，主要目的是，通过组建专家论证咨询，为项目的可行性提供预测分析，为项目后期的实施提供参考。

工程监理是指具有相应资质的监理单位受工程项目建设单位的委托，依据国家有关工程建设的法律、法规以及经建设主管部门批准的工程项目建设文件、建设委托监理合同、建筑工程承包合同等对承包单位在施工质量、建设工期和资金使用方面，代表建设单位实施监督和管理。工程监理只是工程实施过程中的一个阶段，它贯穿于工程施工的全阶段。是对工程质量实施过程中的一种监督。

简洁来说，工程咨询是对工程质量出现的问题进行前期预测，并设计预防方法。而工程监理是对工程进行过程中的问题实施监督。

监理工程师的执业方式包括监督管理和咨询服务，执业内容主要包括：在工程项目建设前期阶段，为业主提供投资决策咨询，协助业主进行工程项目可行性研究，提出项目评估；在设计阶段，审查、评选设计方案，选择勘察、设计单位，协助业主签订勘察、设计合同，监督管理合同的实施，审核设计概算；在施工阶段，监督、管理工程承包合同的履行，协调业主与工程建设有关各方的工作关系，控制工程质量、进度和造价，组织工程竣工预验收，参与工程竣工验收，审核工程结算；在工程保修期内，检查工程质量状况，鉴定质量问题责任，督促责任单位维修。

国外的监理行业明确界定为咨询业，并都对监理人员的职业行为制定了道德规范和准则，监理也逐渐成为高效的并受人尊重的咨询行业。

目前，国家正在切实转变政府职能，简政放权，开放市场，坚持放管并重，消除市场壁垒，构建统一开放、竞争有序、诚信守法、监管有力的全国建筑市场体系；创新和改进政府对建筑市场、质量安全的监督管理机制，加强事中事后监管，强化市场和现场联动，落实各方主体责任，确保工程质量安全；转变建筑业发展方式，推进建筑产业现代化，促进建筑业健康协调可持续发展；全面深化建筑业体制机制改革，并出台了许多政策措施来推进建筑业发展和改革，保障工程质量安全，提升工程建设水平。《住房城乡建设部关于推进建筑业发展和改革的若干意见》（建市[2014]92号）指出："（七）进一步完善工程监理制度。分类指导不同投资类型工程项目监理服务模式发展。调整强制监理工程范围，选择部分地区开展试点，研究制定有能力的建设单位自主决策选择监理或其他管理模式的政策措施。具有监理资质的工程咨询服务机构开展项目管理的工程项目，可不再委托监理。推动一批有能力的监理企业做优做强。"

据此，监理企业只有不失时机地适应国家加快行政体制改革的步伐，按照市场需求多样化的规律，积极扩展监理服务内容，包括工程咨询服务。

监理企业实施工程咨询服务应适应市场需求，优化工程监理企业结构。在市场经济条件下，任何企业的发展都必须与市场需求相适应，工程监理企业的发展也不例外。建设单位对建设工程监理的需求是多种多样的，工程监理企业所能提供的"供给"（即监理服务）也应当是多种多样的。从工程咨询本身的发展情况来看，总的趋势是向全过程服务和全方位服务方向发展。其中，全过程服务分为实施阶段全过程服务和工程建设全过程服务两种情况，包括工程项目建设前期阶段、设计阶段、施工阶段、工程保修期等实施咨询服务。全方位服务除了对建设项目三大目标的控制之外，全方位服务还可能包括决策支持、项目策划、项目融资或筹资、项目规划和设计、重要工程设备和材料的国际采购等。

监理企业要提高工程咨询服务质量，必须实施人才战略。随着国内业主对工程咨询服务的需求范围、内容的不断增加，各类工程尤其是一些工程周期长、技术管理要求高、投资风险大的工程，越来越需要一批懂管理、专业全面、技术水平高、风险管理能力强的工程监理企业进行全过程、全方位的工程咨询服务。从全方位、全过程监理的要求来看，我国建设工程监理从业人员的素质还不能与之相适应，迫切需要加以提高。另一方面，工程建设领域的新技术、新工艺、新材料层出不穷，工程技术标准、规范、规程也时有更新，信息技术日新月异，都要求建设工程监理从业人员与时俱进，不断提高自身的业务素质和职业道德素质，这样才能为建设单位提供优质服务。从业人员的素质是整个工程监理行业发展的基础。只有培养和造就大批高素质的监理人员，才可能形成相当数量的高素质的工程监理企业，才能形成一批公信力强、有品牌效应的工程监理企业，提高我国建设监理的总体水平及其效果，推动建设工程监理事业更好更快地发展。因此不断提高监理人员的素质，是提高工程咨询服务质量的关键。

监理企业实施工程咨询服务应注重企业经营结构的调整。监理企业应根据建筑业体制机制改革部署，强化企业管理，提高科学管理水平，转换经营机制，建立现代企业制度。完善服务功能，拓展服务范围，着力开拓咨询服务市场。监理企业应注重企业经营结构的调整，不断开拓市场对工程咨询业的相关需求，不断提高和完善监理企业的服务功能，拓展服务范围，形成监理企业服务产品多样化、多元化的产品结构，化解企业在市场经济中的风险。

随着工程建设投资体制改革的不断深化，无论是政府投资工程，还是社会上众多的民间投资工程，均需要由专业化、社会化的项目监理企业为业主提供管理服务。这种项目管理服务可以是从建设工程前期策划、设计监理，到工程招标，施工监理的全过程服务，包括进度、造价、质量等方面的全方位管理。业主的全过程、全方位项目管理的需要，为工程监理企业拓展其经营范围和规模创造了良好发展机遇。与此同时，业主的项目管理需要，也给那些多年来主要从事建设工程施工监理的大多数企业带来了挑战。要迎接这一挑战，我国工程监理企业就必须由建设监理向工程咨询服务方向发展。

关于贯彻落实《工程质量安全提升行动方案》的通知

中建监协[2017] 14号

各省、自治区、直辖市及有关城市建设监理协会，有关行业建设监理专业委员会、分会，各会员单位：

2017年3月9日，住房城乡建设部印发了《工程质量安全提升行动方案》，并组织召开全国工程质量安全提升行动部署会议，决定自2017年3月至2019年12月，在全国开展工程质量安全提升行动，进一步完善工程质量安全管理制度，落实工程质量安全主体责任，强化工程质量安全监管，提高工程项目质量安全管理水平，提高工程技术创新能力，使全国工程质量安全总体水平得到明显提升。为贯彻落实工程质量安全提升行动要求，做好监理工作，现提出如下要求：

一、充分认识开展工程质量安全提升行动的重要意义。开展工程质量安全提升行动是为了贯彻落实党中央、国务院的部署，回应广大人民群众的热切期盼，维护人民群众利益的需要，是推进建筑业供给侧结构性改革的重要内容，是在两年治理行动基础上的系统工程。开展工程质量安全提升行动，是未来几年住房城乡建设系统的重点工作，对促进建筑业持续健康发展尤为重要。因此，必须持之以恒，坚持不懈地抓好工程质量安全工作。

二、积极发挥服务职能。协会要主动配合政府开展工程质量安全提升行动。积极协助建设主管部门针对本地区实际情况，制定切实可行的工作方案，明确提升行动的重点、步骤和要求，并积极参与组织实施，保障工程质量安全提升行动有效开展，各项内容落到实处。

三、落实监理主体责任。监理单位是工程建设的五方责任主体之一，要严格执行项目负责人质量安全责任规定，强化项目负责人的质量安全责任，做好监理项目自检自查工作，消除隐患，防患未然。

四、落实监理从业人员责任。加强质量安全培训，不断提高监理人员素质。进一步强化个人执业管理，杜绝“人证分离”行为，真正让监理工程师等注册执业人员在工程质量安全管理中发挥作用。进一步完善工程质量终身制，严格贯彻总监理工程师六项规定，全面落实总监理工程师对工程质量终身责任的书面承诺和质量信息档案制度。

五、加强质量安全制度建设。建立企业工程质量安全管理制度和责任追究制度，加强全员、全过程、全方位的质量安全管理，对可能影响质量安全的关键环节和岗位等，要专人专管。

六、落实工程质量报告制度试点。开展工程质量监理报告制度试点的地区，监理单位要按规定向主管部门报告现场质量监理情况，对重大质量安全问题及时上报。

七、提升监理技术创新能力。加快推进建筑信息模型（BIM）技术、“互联网+”、大数据、云计算等现代技术在监理与相关服务中的运用，促进监理信息化建设，提高质量安全管控能力。

八、推进监理诚信体系建设。根据《建设工程监理企业诚信守则（试行）》，规范企业市场行为，按合同规定，企业要认真履约，诚信服务，自觉抵制恶意压价，阴阳合同，非法转包等不良市场行为。

九、开展全过程咨询服务。有能力的监理企业要积极拓展工程建设全过程咨询服务业务，实现项目全寿命周期的投资目标、进度目标、质量目标的规划和管理，不断提高工程建设管理水平。

十、总结推广先进经验。注意发现提升行动中涌现出的先进事迹和典型经验，做到及时表扬和总结推广。

中国建设监理协会

2017年5月8日

建筑工程项目电气安装监理管理之浅见

广州宏达工程顾问有限公司　周纯爵

摘　要：现代建筑行业快速发展，建筑单位通过采用现代信息传输技术、信息网络技术和信息采集技术，进行精密设计、优化集成、精心建设和工程施工。住宅高新技术含量和居住环境水平舒适程度的大幅提高，离不开电气技术的高速发展。建筑工程中电气设备安装质量的好坏，将直接影响到人们的生活质量水平的高低，其中监理单位对工程项目进行科学有效的管理能够发挥重要作用。

关键词：建筑项目　监理管理　电气安装　标准化　信息化　管理成效

现代电气技术的飞速发展，催生出了智慧城市，并在此基础上也诞生了智能小区，极大地提高了人们的生活水平。相对建筑工程的整体而言，电气工程只不过占其中的一小部分，但却起到至关重要的作用。因此，监理行业内将施工过程中电气工程的管理工作放到了十分重要的位置。

对于建筑项目电气安装工程来讲，电气设备安装工程的质量，对于建筑工程的使用功能、竣工后运行的安全可靠程度、投资效益的体现等都起着举足轻重的作用。本文试着从监理的角度，简要概述建筑工程项目电气安装监理管理的方法。

一、认真审核施工方案

（一）审核总包的施工组织设计，审查施工方案、施工计划，审核施工人员资质、施工材料、施工机具、施工方法、施工工艺、施工进度等是否符合施工承包合同和设计施工图纸及国家相关法规的要求。要根据具体工程项目的实际情况审查施工组织设计，要求有完善的质量保证体系和保证工程质量的各项组织措施、技术措施，并且要符合经会审的设计图纸及国家现行的《建筑电气工程施工质量验收规范》要求。根据业主要求及土建工程的总体进度计划，审查电气安装工程进度计划，安排人员计划、机具计划是否切实可行，在施工过程中要求施工单位根据实际情况及时修改及补充完善。

（二）要求各专业分包施工之前做好专项施工方案，并认真仔细审查其相关专业及施工的合理性，审查专业分包根据整个项目工程进度需要确定的进场施工时间、施工人员配备安排情况，审查各类设备进场时间，确保按时保质安全地完成专业承包工程。

二、做好图纸会审及施工图纸的前期工作

（一）督促施工单位认真做好各专业的图纸审核工作，注重图纸的施工可行性，对发现的施工图纸的错、漏、误等问题，提出疑问及合理的建议等，将有可能在施工中出现的问题，尽可能在正式施工前解决。

（二）有一些地区的施工图纸需要送审图公司审核，应及时提醒甲方送审施工图纸，以免出现图纸在完成施工后发生一系列变更的情况，造成不必要的经济损失。

（三）督促相关方面将政府要求备案或审核的施工图纸及时提交相关部门，如：规划、环保、建设、消防、燃气、电

梯、防雷、人防，甚至节能绿色建筑等。

三、做好设备材料的管控

（一）督促施工单位（或甲方）根据施工进度计划做好设备材料的进场计划书，因为有的设备材料订货周期比较长，需要提前进行订货才能确保所订的设备材料按时到达安装现场。一般前期需分批提供预埋安装材料，如：电线管和配件，止水节等。待到了正式安装时间将按施工进度有计划地安排桥架、配电柜、配电箱、电线电缆、各种高低压设备材料进场。

（二）根据设计施工图纸、甲方的相关要求，要求供货单位做好材料样板送审，并提供可靠的质量证明文件。对于数量大与重要的设备材料，需到设备材料生产厂家去进行实地考察，查看供应商是否具有符合相关设备材料生产的条件及供货能力。

（三）材料设备进场时，需要按照合同、设计及国家相关规范规定要求，对进场材料进行数量、质量感观与简单的现场检查，并且核对是否提供了可靠的质量证明文件，是否与之前供货单位做好的送审材料样板相一致。对符合要求的设备材料准许进场，不符合相关要求的设备材料立马退场，从而管控好设备材料质量关。

（四）需根据当地政府的要求，现场抽样送检设备材料，及时组织与要求相关单位抽样送检，有的地方政府需进行有见证的抽样送检，送检时需按项目所在当地政府相关要求执行。

四、重点做好施工过程现场的检查

（一）要求施工单位做好各级技术交底，把工程设计意图、要求、特点和应注意的技术问题，以及为施工制定的方案、技术措施，向参与施工的技术人员和领班工人做详细交底，尤其要重视对班组的书面技术交底，使其明确各自施工的任务要求，严格按施工图及《建筑电气工程质量验收规范》进行检查和验收，确保工程质量。

（二）要求施工单位各部门之间做好施工过程中的配合工作，建筑项目工程管理是一项复杂的系统工程，涉及配合的工序很多，尤其土建方面的钢筋、模板等对安装专业的影响比较大，需做好提前准备与配合施工工作。

（三）工程主体施工阶段重点注意以下几个问题：

1. 配合土建工程做好预留、预埋工作，在结构、建筑施工时预留安装用孔洞、预埋安装用构件及暗敷线路用导管。埋入楼板内的线管要埋在底筋与面筋之间，线管间要有间距，不能并排绑扎在一起；管路在同一处交叉不能超过两条，管与管、管与盒连接应牢固、紧密，要防止堵塞，绑扎必须牢固，且应尽量减少弯头的数量，以便管内穿线时减少阻力。地下室预埋线管要尽量平直，公共走廊预埋线管要避开吊杆位置，以免以后施工打穿线管。

2. 浇注混凝土时，要求每台输送泵都有安装水电工跟班，及时处理被压坏的线管、线盒、预埋套管等。

3. 要仔细检查均压环、避雷带、防雷引下线、预留电气接地点、测试点等是否漏焊、焊接长度及质量是否满足设计及现行规范要求，需要重点检查容易忽视的基础承台桩上防雷引出点的数量及焊接质量以及结构转换层。由于柱子主筋的调整，防雷引下线容易错焊、漏焊，应做好标记，尤其值得一提的是注意屋面防雷带的焊接质量，并做好防腐处理。

（四）安装及调试阶段重点注意以下几个问题：

1. 首先要考虑各个专业的先后顺序和流水节拍，协调好各专业的施工进度，避免相互影响施工进度，进而影响施工质量。

2. 施工过程中，各个专业要相互协调与配合，要确定地下室、公共走廊、电梯前室等的净空高度，确定各部位安

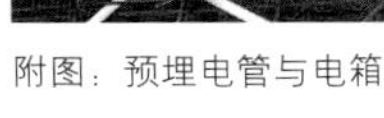
附图：预埋电管与电箱

附图：防雷接地焊接

装综合剖面图，尽量给灯具安装留出足够的空间高度，以免影响施工质量及造成不必要的返工。在抹灰之前，电气施工人员应按内墙上弹出的水平线和墙面线，将所有电气工程的预留孔洞按设计和规范要求核实一遍，符合要求后将箱盒固定好。抹灰时，配合土建做好配电箱的门面装饰及箱盒的收口，箱盒处抹灰收口应光滑平整。

3. 严格推行标准化、规范化操作程序，坚持样板先行，要求施工单位编制符合规范、工艺标准、可操作的质量控制程序，规范好施工单位的施工行为和施工质量，然后再全面展开，防止做了大量工作后才发现存在的问题，导致返工困难，而且影响进度。平时注意质量通病，并及时要求整改。与相关专业之间，应进行交接质量检验，并形成记录。隐蔽工程在隐蔽前需经验收各方检验合格后，才能隐蔽，并形成记录。

4. 重要材料、设备的安装重点管理

（1）电缆桥架的安装：按照规范做好接地，注意镀锌桥架两端不少于两处接地，电缆桥架应借具有相当机械强度的钢吊杆或支架牢固于顶棚或其他结构上，电缆桥架的固定应布置于电缆桥架的侧面且其间距不应超过 1.8m，其距弯段或交接处的距离不应超过 250mm。做好各种桥架转弯角处的支架安装及防晃动支架的安装，吊杆和支架应具有与电缆托盘相同的防腐蚀保护等级，完成安装后注意做好成品保护工作。

（2）各种规格型号电缆的安装：尤其注意矿物绝缘电缆的安装方法。

电缆固定于结构物上或敷设于垂直井中均应有足够的支持；电缆支持架的间距安排应足以支持与固定电缆。电缆在电缆沟及垂直井中支架的间距及电缆的间距应符合国家规范标准要求。电线槽与电线管支持点之间距离应符合 IEE 布线规程（最新版）之规定。电缆在变更方向及多根敷设时应有标志牌，标志牌的间隔为 10m；标志牌应为不锈钢制，注以黑色中、英文指示电缆的截面及所馈的设备名称。在每回电缆的两端亦应有标志牌以便于按图查找线路。电缆穿过墙及楼板应以 2 小时（但地库内则为 4 小时）耐火时间的防火物料或隔板予以密封。

（3）发电机系统的安装：注重防火与环保要求，预留好施工安装通道。注意发电机组的启动带负荷时间要求，当市电供电失电或相应 10/0.4kV 变压器发生故障时，相对应的柴油发电机组应自动启动并必须于供电故障发生起计 15 秒内自动接入全部应急负荷。

（4）母线槽的安装：严格按规范、厂商与标准图示的安装方法安装。母线槽固定于结构物上或敷设于垂直井中均应有足够的支持，支架的间距安排应足以支持与固定母线槽。母线槽在水平敷设及垂直竖井中的支架的间距及母线槽与母线槽之间的间距应符合国家规范标准的要求。母线槽穿过墙及楼板应以 2 小时（但地库内则为 4 小时）耐火时间的防火物料或隔板予以密封。垂直安装的母线槽在每层楼板上由一弹簧支撑系统加以固定。此支撑系统须能承受在此楼板下母线槽之全部重量并留有热膨胀的余量。当楼层高度超过 5 m 时需增设中间弹簧支撑。

（5）高低压成套电气设备的安装：低压配电屏内母线须为硬拉、高导电率及镀锡的铜导体。安装于低压配电箱、屏内的空气断路器塑壳自动开关及熔断器开关必须与型式测试证书内所用的品牌和型号一致。所有低压端子和其他当电源切断后仍可带电的端子均应以热缩绝缘加以屏蔽，并加上提醒注意的标牌。

附图：穿人防墙电预埋套管

随着预制分支电缆及采用穿刺夹安装分支电缆使用的增加，从电缆安装中单独提出来强国十分必要。从材料的预订采购到安装质量每一个环节都相当重要。

以上设备的本体质量优劣及安装质量的好坏直接影响到供电系统运行效率，施工安装过程必须遵守设计要求与严格执行国家相关规范，按照设计施工图纸或国家相关部门、行业的安装工程标准图集安装。

（五）工程项目电气工程安装完成

1. 做好电气安装各施工阶段的隐蔽工程纪录，分部、分项验收资料的整理。

2. 电气工程安装在各专业施工单位工程项目施工完成后，系统或设备主要件或子组件的型号检验范围应根据相应的标准的检验程序而制定，或根据技术规范的要求，或根据承包单位提供的及经业主／业主方认可的检验程序来制定。

所有法令要求的试验和进行这些试验需要提供的安全措施，以及安排政府、团体或公司来参观或检查，需提供规定形式或许可形式的证书使设备能投入使用，所有工作应由专业承包单位负责完成。督促各专业施工单位做好经国家承认有相应验收、检测资质的部门进行检测验收工作，并做好相关的纪录资料。

3. 督促各专业施工单位完成好竣工图纸工作，并要认真检查竣工图纸与施工现场的一致性。

五、临时施工用电的管理

对于建筑工程项目电气安装专业监理工作而言，施工用电的监理也是一项重点内容。主要管理方法包括：

（一）认真审核总包的专项施工组织设计临时施工用电方案，包括施工用电负荷计算是否完整正确，完全满足整个工程项目用电需求，施工用电总平面布置图是否合适施工，三级配电系统负荷设计是否合理及符合国家规范要求等。

（二）对施工用电现场进行认真检查。

重点检查：

1. 配电箱是否按施工用电规范要求进行二级配电设置漏电保护；

2. 三级（末端）配电箱内是否一开关接多个施工机械设备；

3. 各级配电箱是否按要求做好接地、接零保护；

4. 施工用电设备电缆长度是否符合要求，电缆是否老化和有破损，电缆沿地面敷设是否有防护措施等。

六、严格控制工程造价

（一）认真审核实际完成的工程量，核对实际与计划完成工程量之差别，发现问题提出解决建议，向项目总监及建设单位报告。

（二）对验收合格的工程内容按合约要求签发工程量。

附图：桥架与高压设备安装

（三）严格按合约及规定审核变更的工程量，认真处理施工过程的索赔内容。

（四）协助处理项目工程竣工结算工程量或审核竣工结算费用，重点审核隐蔽工程量，按设计图与隐蔽工程现场纪录进行复核。

七、充分利用信息化平台

工程项目管理中有效利用“互联网+”技术，微信平台发布即时信息，利用QQ软件、邮箱传送文件、发布通知等，公司为各个专业设置的专业监理工程师手机APP平台，工作中有疑问相互支持，从而迅速解决工作中出现的各种疑难问题。

总之，现在是高速发展的信息化时代，国家正在进行工业信息“中国制造2025”计划实施，建设工程管理也在处于标准化、信息化综合管理变革时刻，监理企业也应走在信息化的前列，通过各种信息化平台的建立与推广使用，不断地提高工程建设管理水平。

八、结语

电气工程是一项复杂的系统工程，在建筑电气系统工程安装施工监理过程中，应把“百年大计，质量第一”放在首位，将“安全第一，预防为主”作为项目管理的方针政策执行。各参建单位应根据具体项目及电气工程的自身特点要求，建立严谨的质量保证监督体系，施工过程中应确保整个保证体系正常运转，对电气安装施工过程中的每一个环节都要实施有效的动态控制，以确保电气安装工程的质量，以工程进度为目标、质量控制为主线，按国家现行的规章规范要求进行施工和管理，配合各参建方共同圆满完成项目工程。

水利水电建设工程安全文明施工监理工作标准化实践

中国水利水电建设工程咨询北京有限公司　姚宝永　张贺

摘　要：安全生产标准化体现了“安全第一、预防为主、综合治理”的方针和“以人为本”的科学发展观，强调企业安全生产工作的规范化、科学化、系统化和法制化，强化风险管理和过程控制，注重绩效管理和持续改进，符合安全管理的基本规律，代表了现代安全管理的发展方向，是先进安全管理思想与我国传统安全管理方法、企业具体实际的有机结合，有效提高企业安全生产水平，从而推动我国安全生产状况的根本好转。本文剖析水利水电建设工程安全生产标准化监理工作建设意义，从监理工作角度出发，依据企业安全生产标准化基本规范的13个要素，结合丰满水电站北京院监理中心安全管理工作标准化体系建设和执行实例予以论述供参考。

关键词：标准化13要素　监理标准化建设实例　初步成果介绍

随着我国水利水电建设工程的迅速发展，国家及各大企业通过不断完善解决安全生产中的突出问题采取了多种措施，水利水电工程安全生产工作也取得了明显的成效和积极的改善，各类事故起数和死亡人数持续下降。但通过国内时有发生的重特大事故不难看出，安全管理形势依然严峻。正是在这样的背景下，安全生产监理工作标准化建设已成为水利水电建设工程中一项不可忽视的环节。监理工作标准化也已成为现代施工监理的重要组成部分，是实现质量、进度以及投资的重要保证，成为落实安全生产监理责任、提高监理单位安全生产基础管理水平、建立长效机制的又一项重要举措。施工监理做好这方面的工作，对加快工程建设的步伐，确保实现工程建设的目标具有重要意义。

现代安全生产理论认为，安全管理、安全技术和培训教育是实现安全生产的基本条件。安全生产标准化集成了现代安全管理手段，具有系统性（无死角全覆盖）、先进性（结合系统工程原理）、预防性（隐患排查分级管控双重机制）、全过程控制（从目标到结果贯穿整个工程建设周期）和持续改进（PDCA）的特点，是我国在安全生产管理领域的创新。为规范监理行为，提高监理的工作效率，建立健全标准化的监理体系、高效的发挥体系职能是必不可少的管理手段。本文就水利水电项目建设监理工作，依据企业安全生产标准化基本规范的13个要素，结合安全文明施工监理体系的自身特点，将丰满水电站全面治理（重建）工程北京院监理中心安全管理工作标准化体系建设和执行实例予以论述供参考，具体如下：

一、安全生产目标

建立项目安全生产目标管理制度，明确目标的制定、分解、实施和考核等内容。监理安全文明施工管理的总目标和年度目标是依据工程项目的安全文明施工总体目标和年度目标而制定的。内容包括安全生产管理目标、隐患治理目标及安全事故控制目标等在内的安全生产总体目标和年度目标。

每年初编制《年度监理安全管理策划方案》，明确年度安全生产工作目标和安全管理主要工作重点和工作计划。方案中对存在的施工风险进行辨识，制定预控措施。对管理目标（教育培训、隐患排查治理、重大危险源监控、应急管理、文明施工等）内容进行量化，便于实施与考核。

二、组织机构和职责

（一）成立安全水保环保部，配备专职安全管理监理人员的同时在各标段组设置安全生产现场管理专员。

（二）组建组织机构

先后成立项目安全生产委员会、安全生产组织机构、职业卫生工作组织机构、安全生产反违章领导小组、监理项目部应急监督组、节能减排领导机构等组织机构和领导小组，同时人员变动及时调整并以红头文件形式进行发布。

（三）逐级签订责任书

每年对全部监理人员签订安全生产责任书，责任书内容根据总监审批的年度策划方案，分解监理中心安全生产目标至全体监理人员，结合工作实际制定。按照监理项目部分解到部门主任，部门主任分解到各岗位人员的原则逐级签订。

三、安全生产投入

（一）计划审批

每年12月份，对各施工单位编制的《年度安全技术措施计划》和《年度安措费使用计划表》进行审核。

（二）验收程序

对施工单位安措费提取和使用进行审核，执行“专款专用，先申请后使用，实施一项，验收一项，按月统一结算”的原则，安全设施实施前审核《安全文明施工措施费申请单》，设施实施后联合建设单位进行联合验收并对《专项安全措施验收单》进行签证。对施工单位由于安全文明施工而产生的人工费、机械台班费进行计量签证，按月度汇总结算。

四、法律法规与安全管理制度

（一）法规识别

每年3月份，由总监组织进行适用于本工程的职业健康安全与环境法律法规辨识，并形成施工安全法律、法规、规范辨识清单。

（二）制度修订

每年4月份，根据各方指导意见、结合工程实际情况及时对制度进行修订和补充，形成制度汇编并发布。制度汇编包括监理中心内部安全管理制度和针对施工单位安全管理的制度。

五、培训教育

（一）年度培训

根据年度培训教育计划，每年对全体监理人员开展安全生产法、安全相关法律法规、规章制度、应急知识、交通安全等培训内容。

（二）新进场人员培训

新员工入场按照《监理人员入场工作流程表》中的流程和相关规定逐项进行培训和学习，流程表中的“联系人”，负责确认新进场（或换岗）监理人员已完成培训和学习等流程，并在流程表单中签字，完成所有签字后，交安全环保部负责人最后确认新进场（或换岗）监理人员已完成所有流程，批准同意方可进场开展工作。

（三）对施工单位安全教育管理

对施工作业人员安全培训教育进行监督管理，根据各工种的不同作业内容编制不同的考试卷，为防止安全培训教育考试走形式，避免出现雷同卷、代答现象，监理人员对考试过程进行全程监考。

六、施工设备管理

（一）一般设备管理

施工设备入场前，审查行驶证（合格证）年检资料、保险凭证等有效资料，审查合格后，发放厂内通行证。将相关信息录入移动安监系统，随时现场二维码查询。

（二）特种设备管理：

1. 入场审查：针对特种设备，入场前严格执行特种设备管理制度，对特种设备的设计文件、制造单位、产品质量合格证明、使用维护说明等文件以及安装技术文件和资料、特种设备运行故障和事故记录等资料进行全面审核后方可入场。

2. 方案审查：要求施工单位严格按照《危险性较大的分部分项工程安全管理办法》建质[2009]87号文件要求进行编制。对于门式起重机、塔式起重机、履带式起重机等超过一定规模的危险性较大的分部分项工程安全专项施工方案，按文件要求施工单位组织专家论证。

3. 使用前验收：安装完成后，施工单位自检合格，由施工单位通知地方特检中心进行现场验收，监理工程师见证验收全过程。验收合格后将相关资料报监理审查通过后，方可准许使用。

4. 运行中监管：存在多家施工单位和多台起重机在一起交叉作业的，要求施工单位签订交叉作业安全管理协议，并成立门塔机交叉作业管理机构，由监理中心安全总监为总监督人，其他各施工单位分别设置总协调人、现场协调人，明确各自的职责和义务。

七、施工作业安全

（一）管理方法

从施工准备阶段、开工申请、施工阶段到工程竣工，制定开工申请、资质、施工组织设计、起重机械设备审查、安全隐患排查、安全生产事故处理等监理工作程序。

（二）管理手段

对施工现场安全文明施工情况进行巡视检查，对发现的问题，书面通知施工单位，并督促立即整改；情况严重的，及时下达工程暂停令，要求施工单位停工整改，并同时报告建设单位，必要时向建设主管部门报告。对重复发生或整改不到位的施工单位，约谈项目部经理，提出具体整改要求。对重复发生且整改不及时、不彻底的安全文明施工问题按照安全文明施工考核细则进行严格考核，罚款从月度工程结算款中直接扣除。

八、隐患排查和治理

（一）排查方式

日常巡视、周/月度安全检查、专项安全检查、季节性安全检查、安全文明施工考核。

（二）专项安全检查

主要包括：安全用电、起重作业、火工品、脚手架、消防、边坡地质灾害、分包管理、危险化学品等内容。根据《年度监理安全管理策划方案》，定期对施工现场进行专项安全检查，并在检查前制定检查大纲，根据大纲内容逐条逐项进行检查。

（三）季节性安全检查

根据季节变化的特点情况，组织有针对性的安全检查。并在节假日前如五一节、国庆节和春节等，开展节前安全检查工作。

（四）治理方法

安全检查联合业主相关部门，以安全评估和安全巡视的形式对施工项目进行安全检查。检查内容以施工单位安全管理工作开展情况为重点，结合专项检查、日常巡查、周安全检查开展隐患排查治理工作。完善隐患分级管理，留存检查记录，及时下达整改通知，并跟踪整改结果，在安全检查中对发现的问题在安全检查表中认真进行记录，具体到每一检查项的施工部位、跟踪整改落实人。

九、重大危险源监控（双重预防机制）

（一）辨识风险

采用 LEC 法，结合工程实际情况、对工程年度主要危险因素、环境因素进行辨识，编制《工程年主要风险分析及预控措施清册》。风险辨识清册通过参建单位各部门逐级评审，主要包含工序、作业内容、固有风险级别、计划持续时间、预控措施、责任人等内容。

（二）分级管控

对三级及以上施工风险重点管控项目和超过一定规模的风险较大的分部分项工程在施工过程中进行全程监理旁站，总监、安全总监及安监部门主任每周最少一次现场检查并签到。监督检查作业人员持证上岗、施工风险复测单、施工作业票、风险控制卡及安全技术交底记录情况，确保各项措施全面落实。

十、职业健康管控

职业健康安全管理由专职安全监理工程师进行管理。人员进场后要提交本人的体检报告，并登记备案。每年要求监理人员和施工单位的施工作业人员对身体健康情况进行复查。同时对防噪声、粉尘的防护设施的投入情况和现场施工人员防护用品的发放、佩戴情况进行日常和专项检查。

十一、应急救援

（一）应急体系文件

每年监理组织对生产安全事故应急管理体系文件（综合应急预案、专项应急预案、现场处置方案）进行内部评审并留存记录，对于需要修订或增加的预案应及时修订编制。应急管理体系文件监理及时发布并上报业主单位备案。

（二）对施工单位应急管理

对施工单位应急体系文件、应急队伍组建文件进行审核备案。定期检查施工单位应急物资储备情况，参加由施工单位组织的应急演练并对演练情况进行点评。

十二、事故报告、调查和处理

根据《安全生产法》第七十三、七十四、七十五条和《生产安全事故报告和调查处理条例》（国务院令第 493 号）等有关法律法规要求，制定《安全事故“四不放过”管理制度》等安全事故报告和调查处理制度，明确事故调查、原因分析、纠正和预防措施、事故报告、信息发布、责任追究等内容。

发生事故后，主要责任人立即到场组织抢救，采取有效措施，启动应急预案，防止事故扩大，保护事故现场及有关证据。

十三、绩效评定和持续改进

（一）安全会议开展绩效评定

定期召开安全会议，根据会议周期进行安全管理绩效点评和持续改进工作部署。安全会议总结各单位安全文明施工管理工作中的亮点和存在的问题。

（二）安全会议跟踪持续改进效果

检查上次例会提出问题的落实情况，查看持续改进效果，要求项目经理说明未落实事项的原因；布置下周安全管理工作内容，明确重点监控的措施和施工部位，并针对存在的问题提出意见。

（三）年度评定工作开展

每年底组织一次安全标准化实施情况的检查评定，验证各项安全管理制度的适宜性的同时，检查年度目标的完成情况。

十四、监理工作安全生产标准化建设初步成果介绍

（一）"互联网+"移动安监智能管理平台应用

移动安监智能管理平台是一个集信息采集、信息加工、信息传输、信息管理与一体的综合应用系统。它通过数据传输平台、业务管理平台、存储系统这三大平台，把现有的业务流程融合到一体。操作人员可以通过便捷的信息检索模块，有效对采集的各种数据集中处理、回馈信息解决并能按年度、季度、月度等生成直观的图形化报表。同时根据技术统计划分重点安全管理区域，为安全监理工作带来决策分析依据。

现场监理人员通过移动端扫描施工车辆机具通行证或参建人员佩戴的进场身份信息识别卡上的二维码，实时核查相关准入信息，对比进场人员、设备存在服务器中的培训考试、资质资格报审材料，保证进入施工区域的人员、车辆机具具有准入资格；通过对现场安全文明违章事件的采集提出，实时发送到施工单位人员手中进行整改，整改后监理单位人员进行验收完成，实现信息闭环交流，根据问题性质，采集提出人员还可以选择予以曝光和考核，实现了"人人都是安全员，人人都在反违章"。

（二）推动建设安全文明施工标准化示范区

丰满水电站监理中心根据监理安全管理策划方案以"安全文明施工标准化示范区"建设为引领，全面实现安全管理制度化、现场布置条理化、机料摆放定置化、作业行为规范化、环境影响最小化。利用"样板引路"，扩大安全文明施工标准化样板范围，开展安全文明施工标准化示范区建设，从"由点带面"转化为"由面带动全局"，消灭管理死角，全面提升现场安全文明施工管理水平。

整个工地在示范区的带动下，实现"现场达标、管理达标、行为达标"，管理高效、行为规范、环境良好，全面提高了安全文明施工管理水平。

（三）标准化安全文明施工设施投入

1. 为保证安措费使用更加科学合理，符合施工现场工程实际情况，监理编制了《丰满重建工程安全文明施工标准化图册》，完善现场管理标准，为各标段安措费合理使用提供依据，在充分调研市场的基础上为安措费提供指导性单价表。根据重建施工进度，严肃安措费使用计划申请、实施验收、支付结算审批管理，通过计划刚性执行，更加有效地保证施工安全设施投入。

2. 监理中心结合年度安全管理策划方案，制定《安全生产文明施工设施达标策划方案》。为保证设施定置化管理、区域化管理、标准化管理，每月监理中心进行一次安全文明设施达标专项检查，每周不定期抽查，严格把关，对不符合标准的设施不予验收。根据现场安全需要，确定需新增加的安全文明施工设施，明确实施单位或部门，并监督实施。强化现场安全文明施工监管，文明施工是改善现场作业环境、保障安全施工的基本条件。现场监理工程师在质量、进度管控的同时，将现场安全文明施工纳入下道工序开始的必备条件之一。对安全设施未到位、现场文明施工不过关的施工现场，不予验收。及时将安全管理中好的做法及形成的亮点进行总结与升华，使之形成标准与体系，并及时多渠道向外宣传、推广。

（四）重大危险源管控措施

1. 液氨安全管控措施

丰满重建工程左、右岸拌和生产系统各设置一个液氨制冷车间，总装机容量11165kW（960万kcal/h，标准工况），设计液氨存储总量110t（左、右岸制冷系统各55t）。达到危险化学品重大危险源管理标准要求。液氨分为充注、运行、抽排置换三种风险状态，其中充注、抽排置换危险性较大。

为了确保制冷系统充注、抽排置换安全可靠，监理中心严格按照风险管控要求，不断强化液氨制冷系统安全管理。液氨充装前，逐级严格审核施工方案及安全技术措施并报建设局备案；按照"一单一卡一票"要求，认真核对现场安

全措施、人员资格、车辆机具及应急物资配备情况，作业前督促开展液氨泄漏应急处置演练，保证突发情况下有对应措施，提高应急处置能力。

液氨制冷系统运行期较长（运行周期一般为3个月），监理中心严格落实风险挂牌督办管理措施，定期检查各级人员到岗到位情况，每天不定期抽查或夜查液氨制冷运行人员在岗值班情况，督导值班巡检工作质量，防止脱岗事件的发生。不断强化培训管理持证上岗，安全知识培训考试合格后方可上岗操作，明确具体危险源、点及日常巡查频率，填写运行巡查记录及车间氨气浓度检测记录。监理中心积极利用"移动安监智能管理平台"及时将液氨制冷车间发现的问题纳入系统管理，保证施工单位第一时间处理存在的安全隐患，缩短了风险存在的时间，通过逐级审核验收，提高了安全隐患整改的质量，保证了四级安全风险高质高效闭环管理。

2. 放射源安全管控措施

结合法律法规及规程规范相关管控办法，制定放射源管理要求，完善放射源存放室安保设施。监管督促第三方实验室，大坝标定期检查钢栅栏，检查视频监控、安全警示标志等措施是否完好；在大坝碾压施工仓面作业期间，核子密度仪存放箱由专人监护看守，及时提醒施工车辆及人员保持安全距离。监理中心联合业主单位加强与驻场派出所沟通，投放警力，将存放地点、使用地点纳入派出所重点管控区域，监理中心定期检查使用及保管情况，及时提出整改要求，保证放射源管理万无一失。核子水分密度仪专用存放库房安装防盗门，库内外均设有24小时监控探头，并采取有效的防火、防盗的安全防护措施，入口处设置电离辐射警示标志，由专人负责保管，双人双锁，非工作人员不得入内。核子水分密度仪的放射源为Ⅳ类、Ⅴ类放射源，施工现场使用核子水分密度仪配置γ射线检测仪1台，仪器操作员配个人剂量计。设立台账，建立交接制度，不用时由设备值班员做好监管，使用中由现场操作员管理。核子水分密度仪在现场使用时应由一人操作、一人警戒，使用后检查核子水分密度仪的放射源是否完好。使用中若发生核子水分密度仪损坏，发现人员（仪器操作员）应立即向防护小组组长报告；立即对核子水分密度仪工作场所实行射线监测，监测使用便携式辐射监测仪。核子水分密度仪在施工场内运输时有仪器操作员护送并携带便携式辐射监测仪。当发生交通事故时，仪器操作员应立即向防护小组组长报告并对核子水分密度进行外观检查，发现破损时应实行射线监测。

（五）针对习惯性违章管控

1. 策划实施网格化安全管理

编制《监理中心网格化安全管理实施细则》，"由点到面"将安全管理责任落实到人，要求施工单位人员严格履行"网格长"到岗到位职责，施工项目部管理人员与分包作业人员"同进同出"作业现场，确保分包作业人员与施工承包单位职工"无差别"的安全管理，保证施工现场时刻在控。做实安全技术交底和一分钟预想，要求有录音、有签字并当天整理报备，落实痕迹化管理，全面、全员、全过程、全方位，不留死角，切实有效降低安全管理风险。

2. 根治重复性违章

打好两张牌"警示牌""亲情牌"，要求施工单位对施工作业人员的亲属联系方式进行备案，并对施工现场违章人员在安全警示教育的基础上，对第一次违章批评教育罚款，拨打当事人留存的至亲电话，告知该人在现场表现可能酿成严重后果，为了家庭、父母、妻儿，实现家人之间的亲情沟通，人文化亲情关怀，从而促进作业人员不冒险、不违章，而第二次违章将对违章人做清除退场处理，彻底根除危险源。

十五、结束语

开展实施监理安全生产标准化建设的主要目的是在水利水电工程建设过程中，充分发挥监理工作的各项职能，牢固树立以人为本、安全发展的理念，坚持"安全第一、预防为主、综合治理"的方针。大力推进水利水电工程建设安全生产法规、规章和技术标准的贯彻实施，进一步规范工程监理安全行为，落实工程监理安全生产责任，强化监理安全基础管理。监理工作作为其中重要环节，通过多项安全监管措施抓好水利水电项目安全生产工作，对有效防止和减少施工安全事故的发生至关重要。通过对水利水电工程安全文明施工监理工作的标准化建设，进一步提高水利水电工程的监理安全生产管理水平和事故防范能力。

参考文献：

企业安全生产标准化基本规范 AQ/T 9006-2010
钱宜伟、曾令文.水利安全生产标准化系列丛书.北京：中国水利水电出版社，2015.

试论以注册监理工程师为主导的工程评价体系的构建

武汉南亚建设监理有限公司　陈继东

摘　要：工程评价体系是一种新概念，这种体系的建立是在新形势、新常态工程评价体系中的新思路。

关键词：工程评价体系　大数据　执业风险

监理行业在我国已经有二十几年的发展历史，作为一个行业的发展历程来看还是一个年轻的行业，而作为咨询行业的第一梯队，监理行业在这二十多年的发展历史中却很难有创新突破，故在此提出建立以注册监理工程师为主导的工程评价体系，作为监理行业管理创新的尝试。

一、注册监理工程师为主导的工程评价体系的概念

注册监理工程师工程评价体系的概念就是：现阶段，以市级监理咨询协会为组织核心搭建数据平台，监理企业中大部分的注册监理工程师参与，对施工过程中的管理对象（包括建设单位）进行全面综合管理评价，协会将工程评价数据进行整理，在内部试运行后对外公布，形成独立的注册监理工程师工程评价体系，作为第三方的建筑企业资信评价系统。

二、建立以注册监理工程师为主导的工程评价体系的作用

（一）解决监理工程师对被管理方实施预控管理较为困难的现状

现阶段，建筑行业面临的一大特点就是施工企业多，设备供应单位、分包单位数量都很庞大，任何一位总监进驻现场实施管理，其面对的施工单位、分包单位、设备供应单位等都不太可能全是以前接触过的，缺乏必要的了解，必须要通过一段时间的磨合才能对其各个方面能力有所了解，才能有针对性地进行有效管控，而在这期间，监理对施工方往往是发现问题纠正问题，这种事后管控难免会在工程施工管理中存在一些瑕疵，留有遗憾。

在建立了工程评价体系后，可以在大数据中进行查询，查询施工单位施工经历、管理水平的评价意见，了解其在哪些方面做得比较强，哪些方面比较弱，监理工程师就能有针对性地提出预控方案，对施工单位的弱项着重监督管理。

（二）逐步体现出监理咨询行业的话语权，有利于建筑行业建立优胜劣汰的生态环境

就整个工程评价体系建立后所应发挥和可能发挥的作用，可分为以下三个递进的阶段：

1. 自己行业内部运用，供监理行业人士执业参考

在数据库数量不大，没有产生一定社会影响力的前提下，仅仅就是内部监理工程师在执业中对相关评价对象进行了解，方便监理工程师进行决策和风险预控工作。

2. 社会上有一定影响力，建筑行业企业和专业人士愿意参考

当数据库数量积累到一定规模，能做到提供专业的评价意见，客观公正地进行评价，能在建筑行业内部有一定影响力，部分被评价单位对这个评价体系开始重视，特别是重视其负面评价，对评价体系中的负面评价有改正的趋势和愿望。

3. 在社会上有较大影响力，建筑行业企业和个人都重视该评价体系

当数据库规模有了巨大量的积累，评价意见专业性强，能够客观、公正地评价，在整个当地建筑行业则会产生巨大影响力。建设单位可根据该评价体系不选择评价较负面的施工单位；施工单位对评价体系重视，对负面评价积极沟通改正，以求消除负面评价的影响；建设主管部门对评价体系平台重视和引入借用，比如对于有大量负面评价的特种设备企业进行约谈，对于大量严重负面评价的特种设备供应企业进行公示。

照此发展，这个评价体系数据库就有可能具有像标准普尔、惠誉、穆迪等评级机构一样的声誉和权威，成为在当地建筑市场有影响力的权威资信发布机构，使得在这个平台中多次被严重负面评价的施工企业很难在市场上承揽业务，让做得好的企业享有好的口碑和市场占有率。

（三）工程评价体系的建立有利于个人执业制度的实现和监理工程师社会信誉的提升

在允许注册监理工程师个人执业的前提下，建立工程评价体系可以让监理行业中的一些工作敬业，专业能力强的注册监理工程师在工作中脱颖而出，形成个人品牌，为个人执业创造充分必要的条件。

现阶段，注册监理工程师个人执业很难有突破的一个障碍就是，建设单位很难评判现有注册监理工程师个人的执业水平如何，也就是如何发现各方面优秀的总监这个问题无法解决。而这个向外公开的评价体系平台对注册监理工程师担任总监，在项目实施过程中的管控能力会有较为充分的展现，在施工过程中对每个分部和子分部的评价，对各个参建单位的评价等，可以印证其管理水平和执业能力。

（四）为监理公司和监理工程师个人执业规避风险提供一个可行的途径

市场选择是双向的，建设单位在希望选择一位优秀的总监提供监理咨询服务的同时，监理企业和注册监理工程师个人也希望和专业水准高的施工方，不乱作为的建设单位进行合作，这是监理公司和注册监理工程师个人执业规避风险的前提。

将来工程保险可以部分解决执业的风险问题，但是出了风险事件，即使保险做了赔付，对监理企业和监理工程师个人的信誉方面的损失也是巨大的。因此，若拥有大量的工程评价数据库，有利于监理公司或注册监理工程师个人规避执业风险，对于注册监理工程师评价系统中评价不高的施工单位、分包单位、材料供应单位等个人执业者可以选择一些有效的预控措施规避风险，甚至对某些忽视工程质量，不重视安全管理，负面评价较多的承包单位，监理公司和注册监理工程师可以建议建设单位不选择该承包单位。对于某些特种设备供应单位发

现其负面的评价较多，可以向总包单位建议更换该供应单位。对于某些缺乏诚信不能履行合同或者乱作为的建设单位，监理公司或个人执业之前发现其负面的评价较多，甚至可以不承接相应的监理业务来回避风险。

三、由注册监理工程师进行工程评价的合理性

（一）注册监理工程师目前是建筑类注册考试中要求较高的，必须大专毕业，中级以上职称三年，能够取得注册资格的人员都有十年以上的专业工作年限。因此注册监理工程师具备进行工程评价的水平能力。初期还可以选择比较优秀和资深的注册监理工程师参与评价，保证评价质量。

（二）注册监理工程师主要在工程项目一线从事咨询管理工作，对被评价的对象有检查、验收、巡视、见证、评估的权利，能够掌握被评估对象真实的数据，具备进行工程评价的工作环境和条件。

（三）大部分的工程项目都需要聘请监理单位提供监理咨询服务，这样工程评价体系的覆盖面非常广泛，具备进行评价的采样数量广泛优势。

（四）监理工程师在执业过程中必须公平、独立、诚信地开展监理工作，法律法规要求监理和参建单位不存在隶属关系，也不允许监理工程师推荐参建单位，具备进行独立、公正评价的能力。

四、注册监理工程师工程评价体系的范围和内容

（一）评价的范围

评价的范围应该包括：总包单位、劳务分包单位、特种设备供应单位、检测单位，还有一些特殊材料的供应单位，还可以是建设单位。

（二）评价的内容

1. 对于总包单位，可以在每个分部或者子分部工程竣工后，对其施工质量，进度、索赔、合同争议等方面做出具体的评价，特别是出现质量问题，进度延误的情况；出现索赔合同争议的情况可分析具体原因和监理措施，取得的效果等。整个工程竣工后可围绕施工总包单位的综合管理能力，对项目经理和管理人员的执业水平进行较为客观的评价。

2. 对于劳务分包单位可以在该劳务分包单位完成施工任务后对其劳务工人的综合素质，基层管理人员的管理能力进行评价。

3. 对于特种设备供应单位，可以在该特种设备安装验收完毕，拆除退场后对其在施工现场的安装情况、维护保养情况，特种作业人员持证上岗情况和其能力进行评价。

4. 对于建设单位，可以评价其对监理合同和施工合同的履约能力，在管理过程中是否存在严重违反建筑法的行为。

五、注册监理工程师工程评价体系建立流程

（一）市级监理咨询协会组织搭建数据平台模型，制作各个评价模块的模板，制定评价规则。

（二）市级监理咨询协会组织筛选注册监理工程师参与工程评价的人员，建立人员库。先期可根据资历、职称、工作年限、业绩等选拔占当地在岗注册监理工程师人数30%~40%左右的人员入库参与评价，后期入库人员可由已经入库的人员进行推荐，入库人员可保持在当地在岗注册监理工程师数量的60%~70%。

（三）入库注册监理工程师根据自己项目的进展情况在协会数据平台客观、公正地填写评价意见，评价意见报注册监理工程师所在监理公司技术负责人审核后提交协会平台，协会平台组织内容符合性审核后可在平台显示。

（四）评价内容在平台显示后，可以让协会的个人会员享有回复功能，在评价意见后发表评论，比如支持该评价意见，不支持该评价意见，或者发表自己的管理感言，以印证其评价意见的价值。

（五）监理咨询协会在平台组建初期可内部试运行半年左右，相关数据只对监理企业、协会个人会员进行公开。

（六）试运行成熟后，可对外全面开放平台，每一个月对外公布上个月的注册监理工程师的评价意见（当月的相关工程评价意见资料以内部查阅为主，以便发现问题可以内部消除改正），接受建筑行业其他相关单位或个人的查询。

六、在市级监理咨询协会平台上组建工程评价体系的优势

工程评价体系数据库可以由监理企业自己建立，由市级协会创建工程评价体系数据库。

（一）样本数据量大的和覆盖面广的优势。对于评价体系来说，有一定数量级的统计数量和广泛的覆盖面才能构成大数据，才具备一定的可参考性。如武汉市初期推行可选择 400~600 位在项目一线任职的监理工程师参与评价，每年就有 1200 个左右的项目进行了评价，基本覆盖了武汉市的大部分工程项目，很多规模较大的施工企业、分包企业、特种设备供应企业就有多个项目参与了评价，通过两年左右的数据库建立就有一定的可参考性，可以帮助注册监理工程师对部分施工企业、分包企业、特种设备供应企业的综合素质有宏观的掌握，为监理服务提供超前的预判和风险控制。

（二）评价人员的选拔和监督机制方面市级监理咨询协会更具优势。协会平台可做到优选注册监理工程师建立人员库，保证初期评价体系的水准和可靠性，后期注册监理工程师入库的推荐人制度和资格审查也是协会具有会员制的优势。

（三）评价体系数据库的应用推广也需要市级协会这个平台，若想要在社会中形成较大的影响力，还是需要市级协会这样一个平台与相关的建设行业主管部门、其他行业协会进行沟通协调才能达到效果。

七、注册监理工程师工程评价体系数据库的风险

（一）评价者不能客观、公正地进行评价的风险

对评价体系平台最终能达到的效果影响最大的就是评价者能否客观、公正、高水平地进行评价，也是评价体系平台所面临的最主要的风险。如果不能够做到上述的要求，评价体系的可参考性，社会影响力，将大打折扣，最后导致评价体系平台的名存实亡。对此提出的风险控制方法如下：

1. 对评价者的资格、能力通过市级监理咨询协会进行审查，建立人员库。

2. 由监理企业技术负责人对本单位注册监理工程师提交的评价意见进行审核。

3. 由监理协会组建由其他行业协会的专家组成的第三方监督机构，对工程评价体系实施监督。

4. 制定制度，对违反客观、公正评价准则的注册监理工程师进行处罚。

（二）负面评价可能引发的法律纠纷

对于被评价对象的严重负面评价是有可能引发法律方面纠纷，规避风险的主要方法：

1. 对于严重负面评价意见的提交应保留好相应证据，如现场图片、录像、监理指令等作为证据。

2. 作为市级协会组建评价体系平台，可根据需要组建专家组，依靠团队的力量来对法律纠纷提供咨询意见。

3. 聘请专业律师协调纠纷和法律问题。

同时对于协会这样一个监理工程师的大家庭，要团结一心，对外部的法律纠纷要正面对待，保护监理工程师提交负面评价的权利。

综上所述，建设好以注册监理工程师为主导的工程评价体系，运用大数据、运用“互联网 +”，发挥监理工程师群体的力量，让每个监理工程师的施工经验成为其他工程师执业的经验。在行业中树立监理工程师的威信，使评价体系成为行业判断好公司的标准之一，是提出这个评价体系的初衷。希望通过若干年的积累，评价体系能够成为建筑业资信体系构筑中不可或缺的一个重要环节，为国家的建设事业的良性发展作出应有的贡献。

参考文献：

[1] 乌尔里克·霍斯特曼.评级机构的秘密权利.王熙逸译.上海财经大学出版社，2015.08.

[2] 彭秀坤.国际社会信用评级机构规制及其改革研究.中国民主法制出版社，2015.1.

[3] 秦永祥.武汉建设监理行业诚信自律建设初探.武汉建设监理，2016（01期）.

浅议建筑给排水的监理工作

浙江江南工程管理股份有限公司　张立嘉

摘　要：在实际的建筑工程行业中，给排水施工技术作为其工程建设中的主要部分，加强对其给排水工程施工质量控制，对人们正常生产生活有着积极影响。下面就从案例工程入手，对建筑给排水工程的监理进行分析，提出了加强对给排水施工监理的要点，以保证建筑工程给排水施工整体质量。

关键词：建筑工程　给排水　施工监理

我国城市建筑逐渐进入了高速发展阶段，高层建筑已成为城市建设的主体。但是因为监管力度的不够，高层建筑的给排水系统时常出现了这样或是那样的问题，给整体质量造成了影响。给排水分部工程在工程总量方面的比重较小，凡是因为对建筑质量的投诉中占有较大比例，所以，建设施工监理人员必须给以充分的重视，完善监理体系，严格按照相关规章制度，把控给水排水质量关口。

现就以某商业住宅楼的给排水系统安装为例，其工程建筑的面积主要为52600m²，31层（地下室3层），框架结构，地下室为车库，1~5层为商场，其中第五层（夹层）为管道转换层，6~31层为住宅，该工程给排水系统安装特点为：管道类型多，安装操作技术难度大。下面就对其工程给排水系统安装施工监理要点进行探讨。

一、建筑工程给排水施工监理的问题

给排水工程在现代化高层建筑安装中占据工程量虽然较小，并且工程施工量以及投资量都较少，但是对建筑物整体的质量影响却很大。在建筑工程行业接到的质量诉讼中，部分给排水质量问题的事件较多，虽然其质量问题不是在施工阶段发生的，但是主要原因是相关负责部门、承包商对给排水工程施工过程的不够重视。给排水工程在主体施工阶段占据量较小，主要是预埋与预留工程实施，因此进行工程施工的承包单位就对此不是很重视，甚至是在实际的给排水施工安装中，没有相关的专业人才从事给排水施工安装，造成了较大的质量问题出现。比如说：预留洞的位置不准，洞口、套管漏留、漏埋等，这些问题在出现之后，将会造成管道设备安装时，在剪力墙或是楼板上进行凿洞，使得建筑主体结构受到严重破坏，并且还浪费了大量的人力、物力、财力，降低卫生间整体的承重力。就以上问题的分析得知，给排水施工管理的工作十分重要，其不仅影响给排水施工质量，还对整个建筑物质量安全有着较大的影响。因此，负责给排水工程的监理工程师，需要做好其监理工作，切实保障给排水工程施工质量。

二、加强对建筑给排水工程施工监理控制的措施

（一）前期施工阶段

在进行主体结构施工阶段，给排水工程主要是进行预留、预埋工作，这项工作准确性直接影响到整个建筑工程质量好坏，所以，在实际的建筑给排水施工中，认真拟定相关专业细则，做到

有法可依，切实按照其细则进行项目监察以及管理。除此之外，还需对工程施工单位管理水平进行事先了解，加强控制力度，并且事前组织施工图纸的交底以及会审，明确给排水监理工程师工作的重点。比如说，清楚住宅建筑装修水准，在初装的时候，确定卫生间以及厨房等地的给排水是否需要统一安装，并且对承包商的专业技术人员进行检测，要求承包商提前提交图纸会审的情况，在遇到不合格情况的时候，需要下令进行整改。

（二）施工阶段

1. 抓住重点进行监理

因为给排水工程在高层建筑主体施工阶段所涉及的问题较多，也涉及几个施工单位，这就要求监理部门及时地进行协商，对总承包商与分包商所承担的工程范围进行详细划分，落实各施工单位责任。在监理的时候，应该严格控制重点部分，高层建筑的给排水施工主要体现在地下室施工、高层建筑的架空层与标准层头。

2. 对进场材料进行检查

在进行给排水工程施工中，原材料的进场需要出具相关出厂合格证以及检验报告，其尺寸、型号以及外观都需要进行详细的检查，在检查合格之后，便可进场。对材料进行抽样检查的时候，应该符合国家相关规定的要求。主要配件需要在订货之前，出具厂家情况资源、价格情况，双方研究出协定，统一之后便可下单。订购机械设备的时候，施工单位需要出具相关的施工情况，在监理单位审核合格之后，才能进行订购。

3. 预埋管道的敷设

在进行预埋管道敷设的时候，管道穿过楼板之后，相关施工人员为了省事，省略土建支模步骤，只是简单地遮挡之后就使用水泥砂浆进行填塞孔洞。由于硬聚氯乙烯管的外表十分光滑，和混凝土无法牢固的粘结在一起，这就很容易导致楼板渗水，严重影响住户的生活。监理部门这时必须要加强监理工作，必须要求施工方预先加套管，管道安装结束后，应该配合土建进行相应的支模，并用细石混凝土分进行浇筑，并且分两次进行。浇筑结束后，结合找平层或面层施工，在管道周围砌筑一定的阻水圈。阻水圈的厚度应大于20mm，宽度应大于30mm。

（三）现场签证工作的监理

在建筑给排水现场施工中，出现工程的变更是不可避免的。所以，一定要加强事前控制，尽量减少变更。对于工程施工中，必须要进行变更的部分，监理人员在进行监管的过程中，一定要及时上报签证单，要施工单位进行签证，并且要做好记录。

（四）竣工验收阶段

1. 坚持工序验收

在进行竣工验收工作时，必须以工序验收为重点，确保给排水分项的验收工作，对各项工序进行严格地检测，上道工序未检查合格则不能进行下道工序的检查，遇到检测不合格的情况，需要及时地进行申报，不能有所隐瞒，通过对工序质量的保证，进而确保分部工程的质量与相关要求相符。

2. 审核文件资料

在进行竣工验收时，要注意对竣工图纸和其他文件资料进行审核，首先要确保竣工图纸的正确和完整性，对施工中产生变更的部分，要检查其变更文件和图示是否完善。另外，对进场的主要设备进行再次检查，并对其验收记录和设备基础复核记录进行检查。并保证进场设备和主要材料的合格证书，以及塑料给水管及其配件的准用证地齐全。

3. 协调各方关系

在建筑给排水施工竣工验收的时候，务必对各方面关系进行有效的协调，因为高层建筑项目自身情况较为复杂，参建的单位较多，这就要求监理工程师不仅要具有相关专业知识，还需具备一定协调与组织的能力，对各方面的意见进行综合的考虑，快速得出统筹全局的解决方法。在一般情况下，竣工验收时出现问题是在所难免的。所以，在遇到工程验收不合格的时候，就需要监理工程师听取多方的意见，进行组织协调，把各方面的条件进行有机地结合，制定出一套可行的处理方案，并且严格监督施工单位对其方案进行有效的实施，在对出现的问题以及例行反复严格地检查，直到问题的完全解决，进而确保工程项目建设质量符合工程项目建设要求，能够可以按时交付使用。

总之，随着人们生活水平不断提高，对建筑给排水施工设计要求也是随之提高。在实际的建筑给排水工程施工中，施工单位、建设单位、监理单位以及设计单位都需要树立认真负责的态度，确保施工质量管控的能力得以提升，对工程施工各环节的质量进行严格的监控，以保障建筑给排水施工整体的质量。

参考文献：

[1] 罗圆泽.探讨建筑给排水管道工程施工之方法［J］.职业技术，2009（3）.
[2] 吕晓荣.浅谈建筑给排水工程的质量控制［D］.武汉：华中师范大学硕士学位论文，2012（2）.
[3] 赵玉才.浅谈建筑给排水管道工程问题研究［J］.实验技术与管理，2011（12）.
[4] 刘虞刚.浅谈建筑给排水施工监理［J］.山西建筑，2009（3）.

厂房地面裂缝成因分析及对策

北京京龙工程项目管理公司　李亚峰　赵洪儒

摘　要：近年来北京京龙工程项目管理公司承担了大量厂房工程的监理任务，工程中多次遇到厂房地面裂缝问题，成因复杂，如何针对裂缝形成的不同原因采取合理的预防措施成为一项重要研究课题。

关键词：厂房地面　裂缝　抗裂措施

近年来北京京龙工程项目管理公司承担了大量厂房工程的监理任务，工程中多次遇到厂房地面裂缝问题。结合公司所承担北京奔驰、北京现代三工厂、北汽自主品牌、同仁堂医药基地等项目大面积混凝土地面施工质量控制相关经验，对混凝土地面裂缝产生的原因进行分析、探讨，并在北京现代四工厂混凝土地面实际施工中采用有效预防及处理措施，消减地面裂缝的产生。后期通过对成型的地面进行检查、检测，分析所采取措施的有效性，用以指导后续项目的质量控制。

一、厂房混凝土地面裂缝产生的原因分析

透彻分析混凝土地面裂缝产生的原因，针对性地采取预控措施是解决混凝土地面裂缝问题的关键。笔者有幸参加北京市监理协会组织的监理单位技术负责人及资深监理人高级研讨班，受益匪浅，特别是聆听了王铁梦专家有关“钢筋混凝土裂缝控制与质量控制”的专题讲座，深受启发。王教授讲述的工程结构裂缝控制链对混凝土地面裂缝产生的原因分析有很强的借鉴作用。该控制链从地基、材料、结构（设计做法）施工、环境及裂缝处理几方面形成一封闭的混凝土裂缝控制环。针对地面混凝土裂缝控制，笔者将“结构”环节略作更改，变为“设计做法”环节。综合分析，原因汇总如下：

（一）由于地基处理环节产生问题引发的不均匀沉降等引起的混凝土地面裂缝。

施工中地基土内淤泥、腐殖土、耕植土、膨胀土和建筑杂物清理不到位；回填土土质不匀、松软；回填土未达到设计压实系数；浸水而造成不均匀沉降等均能为地面开裂留下隐患。这类裂缝一般都是在后期使用过程中产生，如果较大面积混凝土地面的地基处理不牢固、不均匀，在实际使用中由于车辆、堆物荷载作用下发生了不均匀沉降，在其内部产生应力而导致混凝土地面局部变形过大，使混凝土产生裂缝，严重时会局部下沉，混凝土地面破裂，从而严重影响正常使用。施工中大家都明白地基是地面的基础，重要性不言而喻，但在实际工作中往往有所忽略地基施工的质量控制。地面工程在质量验收标准中划分到装饰装修分部中，从结构安全性考虑重要性明显低于地基基础和结构工程，而且在验收环节中没有验槽这一验收环节，地面工程的地基验收主要责任由施工方的自检和监理工程师的验收来承担。在设计图纸有关地面工程的地基做法上

通常是要求土内不含淤泥、腐殖土、耕植土、膨胀土和建筑杂物的定性表述，以及压实系数达到 0.94 的定量要求。理论上地基土压实系数达到 0.94 难度不大，工程中问题主要是取样试验不及时，数据后补等。监理验收把控难点在对土质的确定及需换填范围的界定上，施工方大多从成本控制上考虑较多是应付了事，只要压实系数达到设计要求即可。雨期施工时，防护不到位导致地基被泡，未经晾晒至含水率符合要求时即进行地面施工也是为地面开裂留下隐患的常见问题。

（二）混凝土本身的材料特性产生内部应力（包括温度变化、体积收缩、化学反应等）引起的裂缝。

水泥水化热产生的温度应力和温度变形引起的大面积混凝土地面裂缝。混凝土由于温度变化发生体积变形、膨胀或收缩，这是材料固有的物理特性。当这种体积变化受到约束时就会产生内应力，这种应力如果超过了混凝土的抗拉强度，就会引起开裂。由于大面积混凝土在尺寸上厚度方向远远小于宽度与长度，一般在施工中以 6m 左右的宽度向长度方向分条浇筑，这样就使得混凝的宽度远远小于长度，三向尺寸相差极大。大面积混凝土浇筑后，在硬化期间水泥放出大量水化热，内部温度不断上升，使混凝土表面与内部温差很大，通常会产生裂缝。由于厚度方向变形在上方没有约束一般不会在厚度方向产生裂缝，在施工后几天或几十天中裂缝就会集中出现在垂直长度的方向。这些都是因为温度变化引起的裂缝。混凝土的收缩变形（塑性收缩变形、体积变形、干燥收缩）使大面积混凝土产生的裂缝，混凝土的收缩分为自身收缩，即水泥水化作用引起的体积收缩；塑性收缩，即在初凝结过程中发生化学的收缩；碳化收缩，即二氧化碳与水泥水化物发生化学反应引起的收缩、干缩；湿度收缩，即混凝土中多余水分蒸发，随着温度降低体积减小而发生的收缩，其收缩量占整个收缩量的绝大部分。收缩使混凝土的体积变小，在其内部也会产生内应力，当这种应力超过了混凝土的抗拉强度时，也会引起混凝土裂缝。化学反应也会引起混凝土开裂，例如碱骨料反应将引起混凝土体积膨胀而产生裂缝。氯离子的侵蚀引起钢筋锈蚀也会造成混凝土开裂。防止厂房混凝土地面开裂从材料环节来讲混凝土的质量控制是重点，相关技术资料对混凝土配合比合理选择、选水化热低和安定性好的水泥、尽量减小水泥用量、控制石子和砂的含泥量、添加粉煤灰和减水剂等均有大量的技术措施表述。工程现场的实际情况是使用商品混凝土，控制指标是混凝土强度满足设计要求即可，好一些的对混凝土坍落度控制强一些。混凝土质量控制环节大部又落到商混站了，目前的市场环境下，商混站经济效益是第一位的，施工方、监理单位很少把混凝土质量控制延伸到搅拌站现场，形成了质量控制难点。对于厂房地面施工，在现场搅拌的情况下通常控制混凝土坍落度在 12cm 左右，而采用商品混凝土时通常要求到场时坍落度为 16cm，实际到场时多数情况下都在 18cm 左右，因为有运输及泵送方面的考虑，确实也是难于严格要求，也就增加了地面开裂的风险。

（三）设计细部节点做法考虑不周引起的地面裂缝问题。

案例一：某车间内设备基础较多，部分设备基础完成面和地面在同一标高，交接处未采取有效技术措施，待混凝土地面施工完成后，由于受力不同及地面不均匀沉降产生裂缝。案例二：某厂房由于工艺需求，地面留置大量地沟和排风口，洞口部位未设计加强措施，由于应力集中作用在地面排风口部位形成裂缝。案例三：某厂房钢纤维混凝土地面，按设计要求在分仓浇筑时设置了传力杆，规格为长为 400mm，间距 400mm 的 Φ28 螺纹钢。浇筑完成一周后，发现平行于分仓缝方向，距离分仓缝 20 ~ 30cm 范围内出现通长裂缝，初步分析为传力杆选材有误，后设计变更为 Φ25 光圆钢筋，未再出现类似裂缝。

（四）由施工操作（如浇筑、振捣、脱模、养护、切割等）不当引起的裂缝。

由于混凝土浇筑中的不当施工操作引起的裂缝包括：施工中振捣不均匀；在施工中混凝土浇筑时间间隔较长时，在混凝土浇筑的接茬处由于振捣不够使混凝土之间脱茬；钢筋错位使局部混凝土地面受拉强度大幅下降形成受拉强度薄弱带以及混凝土配合比失控等不当的施工操作原因造成混凝土地面形成强度、密实度薄弱带。在混凝土凝固过程中由于内部应力以及在混凝土地面使用过程中受到外部荷载时可能导致这种强度、密实度薄弱带出现裂缝甚至使混凝土地面断裂。混凝土地面施工时，养护不及时，防护不到位均能引发地面裂缝的产生，特别是季节性施工期间。夏季要加强覆盖保湿措施，冬季要有保温、防风措施。分割缝未在合理的时间段内及时切割，或者切割未按设计要求深度、宽度进行也是造成混凝土地面开裂的原因之一。

（五）由外部荷载及后期安装（包括施工和使用阶段的静荷载、动荷载，后开槽、开洞、打胀栓等）引起的裂缝。

主要是由于在使用过程中（堆载）荷载超过混凝土地面的承载能力，或者超过设计预期的动荷载。在超负荷使用中混凝土地面在强度薄弱部位首先出现小裂缝，随着使用时间的持续或荷载的增加裂缝持续发展直至混凝土地面彻底断裂破坏。案例一：某中外合资汽车工厂项目，在地面完成仅三天的情况下就安排工艺设备入场，且运输车辆直接开上地面，后续在碾压过的地面上出现了长度较大的斜向裂缝。建筑地面工程施工质量验收规范 5.1.4 条要求养护时间不应少于 7 天，混凝土强度达到设计要求时才能正常使用。此项目严重违反了规范要求。案例二：某厂房在设备安装时使用大量地脚螺栓，均为后置而非预留，沿螺栓根部出现向外扩展裂缝。案例三：某涂装车间储漆罐直接落在地面上，沿罐体脚部大致 45° 方向产生通长裂缝。

二、厂房地面混凝土裂缝预防措施

如何针对裂缝形成的不同原因采取合理的预防措施是本课题研究的核心任务。还是从王教授讲述的工程结构裂缝控制链引申开来，从地基、材料、设计做法、施工、环境及裂缝处理这一封闭的混凝土地面裂缝控制环的各环节寻找答案。

（一）针对地基处理环节产生问题引发的不均匀沉降等引起的混凝土地面裂缝，监理单位应从以下几方面要求施工单位采取预防措施。首先要判断地基土是否存在要换填部位以及换填的量，当遇到场地内土质软硬不均时也要慎重处置，不好界定的应会同甲方、设计、施工方共同现场勘测确定，这样甲方有洽商补偿的依据，施工方有获得补偿的可能，也就有处理的动力。在确定换填部位的基础上，监理单位要验收地基土内淤泥、腐殖土、耕植土、膨胀土和建筑杂物清理是否到位；回填土土质是否符合设计要求；回填土是否按要求分层夯实；回填土压实系数是否达到设计要求。雨期施工时，防护不到位导致地基被泡，必须要求施工单位在地基经晾晒至含水率符合要求时再进行地面施工。在监理工作中也总结出些好的实用方法来加强地基土的质量检测。在判定回填土土质、含水率是否符合要求方面借鉴专业地基处理方法进行检测，取一把土看是否能手捏成团，然后手臂平伸，看是否落地开花，达到这一效果基本可判定回填土土质、含水率符合要求。判定回填土压实系数是否达到设计要求可利用简易钢钎进行预判，退一步的话也可选钢钎扎的深的部位进行环刀取样，该部位合格则其他部位自然也可判断为合格了。

（二）针对混凝土本身的材料特性产生内部应力（包括温度变化、体积收缩、、化学反应等）引起的裂缝，参考相关技术资料，可从混凝土配合比合理选择、选水化热低和安定性好的水泥、尽量减小水泥用量、控制石子和砂的含泥量、添加粉煤灰和减水剂等方面采取措施。目前工程现场基本使用商品混凝土，要达到控制裂缝目标，落实技术措施必须把商混站纳入质量控制体系来，要获得商混站的积极配合，才能达到目的，施工方、监理单位要把混凝土质量控制延伸到搅拌站现场。降低混凝土强度就会降低水泥用量，在满足使用功能的基础上，作为地面工程应尽量考虑降低混凝土强度，这样对裂缝控制有利，对保障地面的耐久性有利。

（三）对设计细部节点做法考虑不周引起的地面裂缝问题。针对车间内设备基础与地面交接部位、钢结构柱脚部位等由于受力不同或地面不均匀沉降而易产生裂缝处采取设置分割缝、设置传力杆等技术措施予以解决。在地面留置地沟和排风口、洞口部位采取洞口加筋措施予以解决。

（四）对于由施工操作（如浇筑、振捣、脱模、养护、切割等）不当引起的裂缝，通过加强施工单位的组织管理，严控各施工工序按技术要求操作来实现。首先要求总包单位优先选择专业的地面分包队伍进行混凝土地面施工，一方面技术水平有保障，另外业务熟练，而且专用工具配置齐备。监理工程师在巡视、旁站过程中重点关注混凝土浇筑中的振捣情况、混凝土坍落度抽测、混凝土供应是否及时等。督促检查施工单位对混凝土地面的养护。特别是季节性施工期间，夏季要加强覆盖保湿措施，冬季要有保温、防风措施。监理工程师还要检查施工单位是否在合理的时间段内及时切割分割缝，切割是否按设计要求深度、宽度进行切割。

（五）对于外部荷载及后期安装（包括施工和使用阶段的静荷载、动荷载，后开槽、开洞、打胀栓等）引起的裂缝，要加强与甲方的沟通，提前预警，避免事后互相推诿。首先提醒甲方避免在使用过程中（堆载）荷载超过混凝土地面的承载能力，或者超过设计预期的动荷载。在新增重型设备时考虑设置设备基础，而不是直接落在混凝土地面上。在地面上安装设备时避免使用冲击、振动强的工具。地面后开洞要用水钻进行，对洞口采取加固措施。

三、北京现代四工厂项目地面施工裂缝控制实例

北京现代四工厂项目位于河北沧州，由总装车间（9.5 万 m^2）涂装车间（9.3 万 m^2）车身车间（4.4 万 m^2）冲压车间（2.3 万 m^2）发动机车间（3.8 万 m^2）等构成，各车间地面为混凝土地面。由于建设单位设备进场较早，为了配合建设单位能够在规定时间进入设备，有的车间地坪必须在冬季施工，保证地面的质量是施工难点。大面积地坪施工所产生的裂缝是施工的质量通病，是当前在厂房类工程建设项目中难以控制的质量缺陷。因此各车间在地面施工前，借鉴以往公司监理的同类项目的施工经验及教训，并结合本工程，制定针对性较强的防止地面开裂的措施。

（一）车间地面设计方案

素土夯实，压系数 0.94；（2）750 厚灰土（白灰含量 4%）；（3）250 厚 2：8 灰土；（4）铺一层 0.2mm 厚 PE 膜；（5）100 厚 C15 混凝土垫层；（6）铺一层 0.3mm 厚 PE 膜；（7）200 ~ 250 厚 C30 混凝土（内配一级光圆钢筋 ϕ6@200 或二级螺纹钢筋 ϕ10@200 双层双向，中间马镫支撑为二级钢筋 ϕ14 @ 1000，混凝土随打随压实抹平）；（8）环氧漆面层，或金属骨料耐磨面层（金属骨料掺入量 5kg/m^2）表面涂刷固化剂磨光。

（二）施工工艺流程

灰土及垫层施工→放线→柱脚及设备基础分隔缝处理→钢筋网片铺设→支钢模、钢板传力杆、临时导轨、复测模板、统一标高→设定混凝土面高程桩→浇筑混凝土、找平→金属骨料提浆→压光→清洁表层→切缝→施工固化剂材料→切缝→养护→填缝。

（三）现代四工厂地面设计与施工经验总结

现代四工厂在地面施工之前各车间均进行了灰土换填，增加了基层的强度，而现代三工厂没有使用此做法，增加该做法对地面裂缝控制有利。

现代四工厂地面垫层以下以及钢筋以下垫层以上增加了 0.2mm 与 0.3mm 厚 PE 膜（为防止混凝土水分流失以及能使混凝土能够均匀收缩）钢筋使用的是双层双向 ϕ6@200 钢筋网片，马镫为 ϕ14@600，而且局部有加密，与设备基础连接处用镀锌钢板进行分割，设置传力杆、传力片。钢柱周边使用菱形的镀锌钢板与车间地面进行分割。地面分仓使用分割钢板。现代三工厂只在水稳与地面之间设置一层 0.2mm 厚的 PE 膜，水稳以下没有。使用双层双向 ϕ6@200 钢筋网片，马镫设置设计图纸没有进行硬性要求且与设备基础连接处没有钢筋加密区，与设备基础连接处没有传力杆、传力片，没有分割钢板。钢柱周边及地面分仓未使用分割钢板进行有效隔离。采取相应技术措施后，现代四工厂相应部位地面裂缝出现明显减少，体现了裂缝预防措施的有效性。

现代四工厂地面面层使用金刚砂耐磨骨料，增加了地面的强度与耐磨性，分割缝设置为 5m×5m，间距较小可有效防止地面开裂的情况发生。而且局部经建设单位生产技术部门根据一、二、三工厂的经验进行分隔缝设置。现代三工厂地面未使用金刚砂耐磨骨料且分割缝要比四工厂的间距大。对比可判定合理设置分割缝，按设计要求及时进行切缝均能有效控制混凝土地面裂缝的产生。

参考文献：

[1] 王铁梦. 建筑物的裂缝控制. 上海科技出版社，1987.

[2] 杨嗣信. 高层建筑施工手册. 中国建筑工业出版社，1992.

[3] 建筑地面工程施工质量验收规范 GB 50209—2010.

[4] 梁富珍．'大面积混凝土地面裂缝原因分析及预防措施'．中国新技术新产品，2010.

如何做好主体进度监理工作
——以重庆朝天门国际商贸城一标段为例

重庆林鸥监理咨询有限公司　陈良兵

摘　要：本文就监理控制工作之一的进度监理进行探讨，按进度控制原理从组建项目监理机构及人员配置、监理实施细则的编制和实施进行探讨，着重阐述了做好施工过程各环节进度监理工作的要点、方法，以及做好日、周、月阶段性进度监理工作总结的重要性，重视监理人员的业务学习和培训。

关键词：工程监理　进度工作　要点　方法

一、项目总概况及特点

重庆朝天门国际商贸城项目一组团一期工程（北依二期预留用地、南依迎龙组合立交、西依纵七路、东依绕城高速），建设用地面积约340711m^2，总建筑面积1418479m^2，地上建筑面积1026452m^2，地下建筑面积392027m^2。包括一期工程Ⅰ区地上建筑面积399760m^2，地下建筑面积214761m^2；一期工程Ⅱ区地上建筑面积142822m^2，地下建筑面积48988m^2；一期工程Ⅲ区地上建筑面积356332m^2，地下建筑面积62175m^2；一期工程Ⅳ区地上建筑面积127538m^2，地下建筑面积66103m^2。一期工程Ⅰ区总投资为19.1亿元；一期工程Ⅱ区总投资为5.61亿元；一期工程Ⅲ区总投资为12.86亿元；一期工程Ⅳ区总投资为4.45亿元。

建筑物一标段工程为商业建筑工程（公共建筑、批发交易市场），地下2层、地上5层；地下一层、二层层层高分别为5.6m、4.05m，均为车库和设备用房；一层、二层层高为5m，三～五层层高为4.5m，均为商业用房。建筑高度为23.9m，总建筑面积为615912.21m^2，其中地上建筑面积402486.18m^2，地下建筑面积213426.03m^2。±0.000m标高相当于绝对标高230.400m。结构形式为钢筋混凝土框架结构，建筑结构安全等级为一级，结构抗震等级为三级，抗震设防烈度为6度，基础设计等级甲级。桩基：1021个，独基：689个。

项目有单层体量大（每层10万方），混凝土一次性浇筑量大（每层6000方），模板、钢筋量大，劳动力需求量大（每层3000人），安装预埋多、工期紧（从基础至主体结构220天）、管理难度大、交叉作业多、施工监理人员多等特点。

二、监理进度控制

公司于2014年4月29日中标重庆朝天国际商贸城一标段工程委托监理，工期370天。本工程从2014年5月23日开始进行桩基和独基施工，2014年12月30日全面封顶。按期完工不仅直接体现了施工单位的综合实力和组织管理水平并能够获得合同规定的基础、加层、主体结构封顶奖金，更能反映监理单位履行施工阶段委托监理合同的情况和监理能力水平。为圆满完成建设单位要求主体封顶节点工期，把该工程施工进度控制好。该工程监理部主要完成了以下工作：

（一）建立健全项目监理机构，确保监理人员按要求到位

根据委托监理合同规定的服务内容、服务期限、工程类别、规模大小等因素，有针对性地确定项目监理机构的组织形式和规模，配备投标文件足够的监理人员，并视工程进展情况，专业结构也应满足工程项目监理工作的需要。在资源得到保障的情况下，监理部负责人总监充分了解每位成员的能力及特点并按施工单位5个区进行分工安排，明确各自的岗位职责，组建一支团结、有战斗力的项目监理机构。

（二）加强对施工准备阶段的进度监理工作

包括对设计文件的尽早熟悉、施工组织设计（方案）的审核和对施工单位现场项目管理机构的质量管理体系、技术管理体系、质量保证体系的审查。熟悉工程实地环境，熟悉施工图，认真审查施工图，组织施工图会审等。项目负责人总监安排监理部造价、各个区监理人员统计工程量。从基础到主体封顶结构主要工程量（见下表）。

（三）督促施工单位做好前期准备工作

包括按投标承诺人员到位、设备资源到位、建章立制。根据工程实际情况编制施工组织设计及各专业施工方案20余个等。对施工组织及施工方案的审查要从工程项目施工的全局、全过程出发来考虑，为保证本工程工期在对施工工艺、方法、施工总进度计划（按网络图绘制）施工现场平面布置、施工安全措施等方面进行重点审查，以保证施工组织设计或方案的完整性、科学性和可行性，监理部针对周转材料多、工期紧的现实情况，特审批同意垂直运输按24台塔吊布置（投标文件10台）和模板脚手架快拆架的使用。从而满足经济合理、技术先进、施工安全、优质高效的要求，真正起到指导现场施工、保证顺利实现主体结构封顶目标（2014年12月30日）的作用。

（四）编制具有针对性的监理实施细则并认真实施

监理实施细则是监理单位开展监理工作的操作性文件，应在相应分部工程开始施工前编制完成，内容应符合监理规划的要求，并应结合工程项目的专业特点，做到详细具体、可操作性强，如专业性较强的地下室防水、主体结构、基础结构等分项分部工程，均编制切实可行的监理实施细则。在监理工作实施过程中，监理实施细则还应根据实际情况不断进行补充、修改和完善。

（五）重点做好施工过程各环节的进度监理控制工作

施工阶段的进度监理工作是委托监理合同的重要控制内容之一，要提高施工阶段的进度监理控制，可以从以下几

楼栋及工序	基础	负二层	负一层	一层	二层	三层	四层	五层
A1–A5 砌筑	100m^3	3760m^3	7800m^3	6422.58m^3	6539.01m^3	6506.42m^3	6575.6m^3	6490.35m^3
A1–A5 钢筋	4700T	6064.8T	4969.9	3313.78T	3338.79T	3403.12T	3410.73T	3346.01T
A1–A5 混凝土	28159m^3	35016.3m^3	33853.19m^3	19309.06m^3	22501.67m^3	22683.29m^3	22381.56m^3	19334.82m^3
A1–A5 模板	165028m^2	195028m^2	190544m^2	183690m^2	186045m^2	185180m^2	211535m^2	208240m^2

方面入手：

1. 制定监理进度工作总程序和具体的监理进度工作程序，监理进度工作程序应体现事前控制和主动控制的原则。

2. 认真做好总进度目标计划、阶段性目标计划、检验批的划分、施工段分时间段验收（包含质监站验收），关键部位、关键工序的旁站监理5个区浇筑混凝土的道路、车辆通行、劳动力的投入（每个区500人）材料堆放等均按计划执行，监理部提前对质量检查验收，确保进度有提前。

3. 加大巡查力度，做好预控，严格过程控制，使进度拖后的问题消除在施工前或在萌芽状态。监理部负责人总监理工程师加大现场的巡视力度，不仅能全面掌握工程的整体进度情况，有利于工程的全面管理，也能发现其他监理人员发现不了的问题，使影响进度问题能得到及时解决，更主要的是能检查督促其他监理人员对进度控制工作情况。

4. 加强对施工单位的监理技术交底，要求监理人员参加施工单位的所有技术交底，让施工人员跟着监理步法同步前进。如监理部负责人总监主动做PPT给施工单位讲解《建筑施工插槽式钢管模板支撑架安全技术规范》DBJ 50-184-2014的要求和施工监理控制要点。

5. 定期召开工地周例会，不定期召开专题会。在剖析施工进度、施工合同管理等问题的同时，组织召开监理内部会议，认真分析监理工作存在的诸如监理主动控制不到位、现场监理脱节等问题，提出改进措施，加强对工程现场的巡查和健全工地值班制度，掌握工地第一手信息资料并及时上墙对比，对症下药，做好事前控制。

（六）注重做好日报、周报、月进度等阶段性监理进度工作总结并绘制进度完成情况图。监理进度工作必须按日、周、月等阶段性进度进行总结，写出书面总结报告，针对上一日、周、月等阶段进度监理工作中存在的问题，认真剖析，查找问题的根源所在，提出相应的改进措施，然后逐条与施工单位项目部洽商、跟进、落实，并针对上阶段相应进度滞后的问题举一反三，争取在下阶段的监理工作中不犯或少犯类似的错误。

（七）对监理人员的培训和业务学习不放松

监理部总监对监理人员的继续教育和业务知识培训工作不放松，积极报名参加当地建设部门举办的相关业务或专业知识培训，定期组织内部监理人员业务学习，交流工作经验。监理部会议制度规定：每周二、周四晚上19：00～21：00定为内部学习会议时间（除旁站人员外均须参加会议学习）。在此期间，培训学习的形式多样：监理技术交流、岗位业务学习、项目监理部往来文件、管理制度、职业道德教育等学习，提高每位监理人员的业务能力，使每位专业监理工程师不但具备工程进度的控制能力，而且要具备质量和投资的控制能力，不仅要使用技术手段，而且要熟练地使用经济控制手段、合同控制手段及法规控制手段，以适应全方位监理工作的需要。

工程建设是一个系统工程，监理进度控制工作又是其中的一个子系统。现场监理工作是全方位的，错综复杂，如何提高监理进度工作是一个值得探讨的客观话题，但只要监理人员“勤”字当头，责任心强，把握住工程建设实施过程的客观规律，抓住要点，监理工作便能得心应手，更好控制工程建设系统，项目监理机构就能顺利地完成监理合同任务。

深基坑工程施工过程中的监测管理

上海天佑工程咨询有限公司　蔡晓明

摘　要：深基坑工程具有较高的技术要求，作业环境变化较大，各种情况的发生往往具有突发性。深基坑施工过程中离不开基坑监测工作，实时反映基坑支护体系变化的监测工作是现今基坑工程中必不可少的重要工作内容。本文对深基坑工程施工过程中的监测管理工作进行了较为详细的阐述，强调了监测管理工作在深基坑施工中的重要性，提出监测管理工作的要求和方法，论述了监测工作信息化管理和监测期限、频率等方面的有关内容。

关键词：深基坑　基坑支护　监测管理

一、前言

改革开放迎来了我国工程建设的新阶段，由于现今工程对其施工阶段、使用功能、周边环境等要求逐步提高，同时，为了提高建筑构筑物的空间利用率，地下商场、地下车库、地铁车站由原来的低层发展到现在的多层，相应的基坑开挖深度也从地表以下 10m 左右增加到 20~30m，甚至 50m 以上，另一方面，一定的基坑深度也是为了满足高层建筑抗震和抗风等结构要求。目前地下建筑基坑开挖深度超过 20m 较为普遍，此外在城市地铁车站、雨污水处理系统、过江隧道等市政工程中深基坑也占有相当的比例。地铁车站基坑普遍采用地下连续墙或围护桩加支撑的围护结构体系，基坑深度通常在 20~50m 左右。深基坑工程的总体数量、开挖深度、平面结构尺寸以及复杂地质条件下的基坑支护、降水、土方开挖方面都得到了高度的发展。

基坑支护工程安全储备相对较小，因此风险性较大、深基坑工程造价较高，但因其是临时性工程，一般建设和施工方均不愿投入较多的资金，而一旦出现安全事故，造成的经济损失和社会影响往往十分严重。城市中深基坑工程常处于密集的既有建筑物、道路桥梁、地下管线、地铁隧道或人防工程的近旁，虽属临时性工程，但其技术复杂性却远甚于永久性的基础及上部结构工程，稍有不慎，不仅将危及基坑支护本身的安全，而且还会殃及临近的建筑物、道路桥梁和各种地下设施，造成巨大的、无法挽回的损失。其次，深基坑工程设计需以开挖施工时的诸多技术参数为依据，但开挖施工过程中往往会引起支护结构内力和位移以及基坑内外土体变形而发生种种意外，一般的设计方法难以事先设定或事后处理这些变化。有鉴于此，人们不断总结实践经验，针对深基坑工程，实行信息化设计和动态设计的新思路，结合施工监测、临界报警、信息反馈、应急处置措施等一系列理论和技术，制定相应的安全等级、设计标准、计算图式、计算方法等。

二、深基坑监测工作概述

（一）基坑监测工作的重要性

基坑工程应用于力学性质相当复杂的土层中，在基坑围护结构设计和变形预警时，一方面，基坑围护体系所承受的土压力等荷载存在着较大的不确定性；另一方面，对地层和围护结构设计、受力结构分析一般都作了较多的简化和假定，与工程实际存在一定的差异；其三，基坑开挖与围护结构施工过程中，地基土层扰动、基坑变形存在着时间和空间上的延迟，以及降雨、地面堆载和施工机械产生的动载等因素的作用，使得现阶段在基坑工程设计时，对结构内力计算以及结构和土体变形的分析与工程实际情况有较大的差异，并在相当程度上仍然依靠经验。因此，在深基坑施工过程中，只有对基坑支护结构、基坑周围的土体和相邻的建筑物进行全面、系统的监测，才能对基坑工程的安全性和对周围环境的影响程度有着比较全面的掌握，从而确保工程的顺利进行。在出现异常情况时及时反馈处理，采取必要的应急措施，甚至调整施工工艺或修改设计参数。

（二）基坑监测的目的

1. 检验设计所采取的各种假设和参数的正确性，指导基坑开挖和支护结构的施工。

2. 确保基坑支护结构和相邻建筑物的安全。

3. 积累工程经验，为提高基坑工程的设计和施工的整体水平提供依据。

（三）监测工作的质量管理措施

1. 认真贯彻 ISO9000 系列标准，建立健全质量保证体系。质量保证体系是指企业以提高和保证产品质量为目标，运用系统方法，依靠必要的组织结构，把组织内各部门、各环节的质量管理活动严密组织起来，将产品研制、设计制造、销售服务和情报反馈的整个过程中影响产品质量的一切因素统统控制起来，形成一个有明确任务、职责、权限，相互协调、相互促进的质量管理有机整体。健全、高效的质量保证体系是保证监测工作顺利实施的基本要求。

2. 对参加工程建设的人员进行详细的质量技术交底，明确各监测人员的职责和要求。因为影响监测工作质量最关键的因素是人员的素质，包括监测人员的专业技术水平、工作态度、工作作风和责任心等。

3. 经常和业主、监理、施工总包单位保持联系，加强沟通，及时提供监测资料，将监测情况反馈到参建各方。如果监测数据达到警戒值标准，必须立即启动报警系统。

4. 对投入使用的仪器定期校对，按使用说明要求进行仪器安装，详细记录安装过程，避免安装、调试误差对监测成果的不利影响，确保采集的数据真实、可靠。同时必须加强监测点的保护措施，如果监测点被施工或其他原因造成破坏，需立即进行测点的重新布设，重新进行初始数据采集。

5. 每天进行监测数据采集、校核和对比分析，确保提供的监测资料准确无误，为深基坑工程施工安全提供可靠的保证，达到信息化监测的目的。

6. 定期对资料进行抽查工作，对资料执行“三级验收”制度。

7. 积极主动保护监测点，并请有关施工总包单位协助做好监测点的保护工作。

（四）深基坑施工监测的特点

1. 时效性

普通工程测量一般没有明显的时间效应。基坑监测通常是配合降水和开挖过程，有明显的时效性。测量结果是动态变化的，一天以前（甚至几小时以前）的测量结果都会失去直接的意义，因此深基坑施工中监测需随时进行，通常是 1 次 /d，在测量对象变化快的关键时期，必须增加监测频次。

基坑监测的时效性要求对应的监测方法和设备具有采集数据快、全天候工作的能力，适应夜晚或大雾、大风、暴雨、暴雪等恶劣气象条件下的监测环境。

2. 高精度

普通工程测量中误差限值通常在数毫米，例如 60m 以下建筑物在监测站上测定的高程误差限值为 2.5mm，而正常情况下基坑施工中的环境变形速率通常在 0.1mm/d 以下，要达到这样的变形精度，普通测量方法和仪器无法满足要求，因此深基坑施工中的测量通常采用一些特殊的高精度仪器。

3. 等精度

基坑施工中的监测通常只要求测得相对变化值，而不要求测量绝对值。例如，普通测量要求将建筑物在地表定位，这是一个绝对量坐标及高程的测量，而在基坑边坡变形测量中，测定边坡相对于原来基准位置的位移和变形即可。

由于这个鲜明的特点，使得深基坑施工监测有其自身规律。例如，普通水准测量要求前后视距相等，以消除地表曲率、大气折光、水准仪视准轴与水准管轴不平行等项误差，但在基坑监测中，受环境条件的限制，前后视距可能无法相等。这样的测量结果在普通测量中是不允许的，而在基坑监测中，强调每次测量位置保持一致。

因此，基坑监测要求做到等精度。使用相同的仪器，在相同的位置上，由同一观测者按同一方案施测。

三、监测工作的要求和方法

（一）基坑监测的基本要求

1. 监测工作必须是有计划的，应根据设计提出的监测要求和业主下达的监测任务书预先制订详细的基坑监测方案。基坑变形具有多样性和突发性的特点，深基坑工程在施工过程中往往会发生意想不到的情况，还应该根据变化情况来相应调整监测方案。

2. 监测数据必须是可靠真实的，数据的可靠性由测试元件安装或埋设的可靠性、监测仪器的精度可靠性以及监测人员的专业技术水平来保证。监测数据真实性要求所有数据必须以原始记录为依据，原始记录任何人不得更改、删除。

3. 监测数据必须是及时的，监测数据需在现场及时计算处理，计算有问题可及时复测，尽量做到当天报表当天出。因为基坑开挖是一个动态的施工过程，只有保证及时监测，才能有利于及时发现隐患，及时采取措施。

（1）结构中的监测元件应尽量减少对结构的正常受力的影响，埋设水土压力监测元件、测斜管和分层沉降管时的回填土应注意与岩土介质的匹配。

（2）深基坑工程在开挖和支护施工过程中的内力学效应是从各个方面同时表现出来的，在诸如围护结构变形和内力、地层移动和地表沉降等物理量之间存在着内在的紧密联系，通过对多方面的连续监测资料进行综合分析之后，各项监测内容的结果可以互相印证、互相检验，从而对监测结果具有全面正确的把握。

（3）对重要的监测项目，应按照工程的具体情况预先设定预警值和报警制度，预警值应包括变形或内力量值及其变化速率。

（二）监测工作的方法

1. 目测观察

目测观察是不借助任何测量仪器，而用肉眼凭经验观察获得对判断基坑稳定和环境安全性有用的信息。这项工作应与施工单位的工程技术人员配合进行，并及时交流信息和资料，同时，记录施工进度和施工情况。

2. 通过测试系统对开挖过程中的土体变形、围护结构的内力变化和变形程度进行全面的监测。

选择测试系统的根本出发点是测试的目的和要求，要达到技术上的合理和经济上的节约，针对系统的各个特性参数选用合适的测试系统，如：灵敏度、准确度、线性范围、稳定性。在组成测试系统时，应充分考虑各特性参数之间的关系，使测试系统处于良好的工作状态。

除了上述必须考虑的因素外，还应尽量兼顾体积小、重量轻、结构简易、易于维修、便于携带、通用化和标准化等因素。

四、监测工作信息化管理的内容

（一）信息化管理

针对工程监测的特点，成立由专人组成的专业监测小组。人员必须具备测量、工程地质与土力学、结构力学、钢筋混凝土结构、计算机等方面的专业知识。负责深基坑工程监测方案的编制、组织实施和监测成果的质量审核。

施工监测过程中，在可行、可靠的原则下收集、整理各种资料，各监测项目的监测值不能超过根据设计要求和经验确定的基准值，除此之外，还应会同有关结构工程技术人员按照信息化施工程序对各项监测资料进行科学计算、分析和对比。从而做到：

1. 减少施工的盲目性，及时发现施工过程中的异常并预警，预测基坑及结构的稳定性和安全性，提出工序施工的调整意见及应采取的安全措施，保证整个工程安全、可靠推进。

2. 通过监测数据的搜集为基坑支护的动态设计提供充分的依据，从而优化设计，使主体结构设计达到优质、安全、经济合理、施工快捷的目的。

（二）监测工作的内容

1. 围护结构水平位移

掌握基坑开挖深度不断增加，围护结构侧向水平位移变化情况。土体的变形位移有一定的规律，即时空效应的规律，基坑变形与基坑分层开挖的空间和无支撑暴露时间存在一定的相关性。因此，基坑开挖必须坚持“开槽支撑、先撑后挖、分层开挖、严禁超挖”原则，基坑开挖过程中进行施工信息化监测，对于基坑及周围环境的安全具有十分重要的意义。在开挖过程中，如发现围护结构水平位移较大，又接近或达到警戒值时，监测单位应及时与施工、监理单位联系并分析原因，采取有效的控制措施防止位移量继续增大危及基坑整体安全性。如在局部位置发生位移量突变，则亦需按照上述要求处理。

2. 围护结构沉降及水平位移监测

掌握基坑开挖过程中，围护结构沉降及水平位移情况。围护结构在开挖过程中会因土层摩擦面的损失及因地下水位下降造成土体下沉等原因产生的沉降和位移现象。目前部分基坑采用围护墙与内衬墙相结合的“两墙合一”的设计理念，在围护墙上有大量与主体结构相连接的连接器及预埋件，所以围护墙体的实际沉降量也直接影响着主体结构。

3. 支撑轴力监测

掌握基坑开挖过程中各道支撑轴力测试值及其变化情况。在基坑开挖过程中支撑轴力作为基坑实际受力最明显的物理量在基坑开挖过程中尤为重要。支撑轴力如果持续增加达到设计警戒值或在某个断面的支撑轴力发生突变，必须立即采取措施。

4. 立柱垂直位移观测

掌握基坑开挖过程中立柱桩垂直位移变化情况。

5. 围护结构应力监测

掌握围护结构在开挖过程中的侧向应力变化情况。

6. 地下水位监测

上海为软土地基，且地下水位较高，上层多为砂质粉土、粉质黏土，在一定的动水条件下易产生流砂、管涌等不良地质现象；淤泥质软土易产生触变和蠕变现象。为保证基坑稳定和施工安全需对土层进行降水作业，以减少土层的流动性和可变性，使之固结，故井点降水的效果极为重要。一般井点降水工作在基坑开挖前20天开始进行，并设置水位观测井观测地下水位的变化情况，地下水位必须降至开挖土层以下一定深度方可进行开挖工作。同时在开挖及结构施工阶段，根据实际地下水位变化情况调整各井点的出水量，直至结构底板完全达到强度后根据设计要求减少或停止降水工作。对于有承压水的基坑还需考虑承压水降压工作。当承压水的水头高度高于基坑深度时需进行深井降压工作，防止基坑结构受力上浮。

7. 孔隙水压力监测

掌握基坑围护结构墙体外侧孔隙水压力变化情况。

8. 侧向土压力监测

掌握基坑围护结构墙体外侧土压力变化。

9. 基坑周边地表沉降监测

掌握基坑周边地表不均匀沉降变化情况。

五、基坑监测点布置和监测期限及频率

（一）监测点布置

按工程监测设计要求，事先做好测点布设工作，开挖前必须测得初始值。检查监测仪器的合格证、鉴定报告及传感器的标定资料。

（二）基坑监测的期限

基坑工程施工的宗旨在于确保工程安全顺利完成。为了完成这一任务，施工监测工作基本上伴随开挖和地下结构施工的全过程。

（三）基坑监测的频率

1. 围护结构深层侧向位移贯穿基坑开挖到主体结构施工完毕，监测频率为：

（1）从基坑土方开挖到主体结构底板混凝土浇筑完成，每天监测两次；

（2）浇筑完成主体结构底板到主体结构施工完毕，每天监测一次；

（3）各道支撑拆除后三天到一周，每天监测一次。

2. 支撑轴力监测期限从支撑施工到全部支撑拆除实现换撑，每天一次。

3. 地表沉降、水土压力一般也贯穿基坑开挖到主体结构施工完毕，每天监测一次。

4. 地下水位监测的期限是整个降水期间或从基坑开挖到浇筑完成主体结构底板，每天监测一次。当围护结构有渗漏水现象时，要加强监测。

5. 当基坑周围有市政道路、地下管道和建筑物较近需要监测时，从围护结构开始施工到主体结构施工完毕期间均需进行监测，周围环境的沉降和水平位移需每天监测一次，建筑物倾斜和裂缝的监测频率为每周监测 1~2 次。

六、预警值和预警制度及监测成果提交

（一）预警值的确定应根据下列原则

1. 满足现行的相关规范，规程的要求。

2. 基坑围护结构和支撑内力等不超过设计计算预估值。

3. 满足各保护对象的主管部门提出的要求。

4. 在满足监控和环境安全的前提下，综合考虑工程质量、施工进度、技术措施和经济效益等因素。

（二）分级预警

1. 达到警报值 70% 时，在监测日报上作预警标记，报告项目管理人员。

2. 达到报警值 90% 时，除在监测日报表上作报警标记外，提交书面报告和建议，并面交项目管理人员。

3. 达到报警值 100% 时，除在监测日报表上作紧急报警标记外，提交书面报告和建议，同时通知主管工程师立即到现场调查，召开现场会议，分析比对监测数据，采取应急处理措施。

（三）监测成果提交

进行基坑监测前设计好各种记录表格和报表。记录表格和报表应按照监测项目并根据监测点的分布进行合理设计，记录表格的设计应以记录和数据处理的方便为原则，并留有一定的空间，对监测数据和出现的异常情况作及时记录。监测报表一般形式有当日报表、周报表、阶段性报表，其中日报表最为重要，通常作为施工调整和应急处理的依据，监测日报表应及时提交给工程建设、监理、施工、设计、管线等有关单位。

七、结束语

深基坑工程具有较高的技术要求，且深基坑工程施工周期长，从基坑支护、降水、土方开挖到完成地面以下的全部工程内容，需经历多次季节变换、荷载变化，以及施工作业产生的各种不利因素、周边环境变化等诸多不利条件，各种情况的发生往往具有突发性。因此在深基坑的整个施工过程中都离不开基坑监测工作，实时反映基坑支护体系变化的监测工作是基坑工程中必不可少的重要工作内容。

基坑工程施工监测技术在近年取得了迅速的发展，但仍存在一些亟待解决的问题，如：国内监测仪器和传感器难以满足实际工程监测的稳定性和耐久性需求；国外进口仪器和传感器价格昂贵，低价竞争导致各单位对仪器和技术的资金投入较少，不利于监测技术的提高。其次，警戒值的确定尚需定量化指标和判别准则。因此，深基坑工程应借鉴现有成功经验，吸取失败教训，根据工程特点，力求在技术方案中有所创新，更趋完善，确保工程施工的顺利进行。

参考文献：

[1] 夏才初，潘国荣等.土木工程监测技术.北京：中国建筑工业出版社，2001.
[2] 夏才初，李永盛等.地下工程测试理论与监测技术.上海：同济大学出版社，1999.
[3] 牛敬玲等.上海市崇明越江通道试验段工程施工监测方案.
[4] 黄兴友等.市政工程施工监测使用手册. 上海市政工程管理局，2002.
[5] 王寿华，王家隽等.建筑施工手册（第五版）.北京：中国建筑工业出版社，2013.
[6] 建筑地基基础设计规范 GB 50007-2011
[7] 人民防空地下室设计规范 GB 50038-2005
[8] 混凝土结构设计规范 GB 50010-2010

浅谈PPP模式下项目管理（设计管理）控制要点

浙江江南工程管理股份有限公司　郭峰

摘　要：在公共服务领域推广PPP模式，是打造大众创业、万众创新和增加公共产品、公共服务供给“双引擎”，为国民经济持续发展培育增长新动力。推进PPP模式与工程项目管理模式创新也是认真贯彻落实国务院《关于创新重点领域投融资机制鼓励社会投资的指导意见》的实际行动，对于进一步促进我国工程建设项目组织实施方式改革，积极引导工程咨询行业不断提升项目管理创新水平，具有重要意义。作为工程咨询企业，要结合自身实际，借力PPP模式，融入PPP模式。PPP模式下项目管理（设计管理）工作前后延伸更多，涉及的内容更深，对设计管理人员提出的要求也更高。

关键词：PPP模式　项目管理　设计管理

设计管理力求将项目的建设理念及意图，项目策划的要求及建设单位对项目开发的投资成本、进度、质量等诸多要求，通过图表、文字说明、概算等表现形式确定下来，为后续的规划设计、建筑方案设计、初步设计、施工图设计及各专业设计，包括供电、供水、供气、室外管线、弱电系统及其他专业设计工作的实施，确立一个科学、严密、详细、清晰的依据。设计过程中的报批报建是项目从前期策划到正式实施阶段的关键环节，必要的设计报建审批对于确保项目科学合理设计和实施必不可少，报建审批事项的多少、办理时间的长短、办理效率的高低，直接关系项目投资能否真正发挥效益，关系到相关投融资能否直接形成实务工作量，设计管理人员一定程度地了解报批报建程序，并与报批报建人员密切配合，也是打通项目开工前“最后一公里”的重要方法与措施，对项目设计成果的实质性推进，提高工作效率具有重要意义。设计管理控制目标与控制点见下表。

控制目标	控制要点
确保项目建设理念及意图、项目策划要求等能通过各阶段方案设计充分体现	·通过考察及综合评价选择参与方案投标的设计公司 ·组织编写方案设计任务书 ·各级设计管理人员与各设计公司充分沟通 ·成立评审委员会对各设计方案会审及调整 ·给予参与方案投标的设计公司以平等竞争的机会，充分挖掘其智力潜能 ·认真组织好政府部门召开的方案评审会，确保最优方案中标
确保各合作方对方案设计的介入	在各设计阶段成果确定后召开建设单位、设计公司、管理公司、监理公司、专业公司交底会
确保初步设计能对方案设计进一步优化	·认真分析、筛选方案评审专家提出的意见和建议 ·及时调整各方产生的新的设计要求

续表

控制目标	控制要点
确保施工图设计能详尽、快速、准确地完成	·通过招标选择施工图设计公司 ·组织编写明确的施工图设计任务书 ·设立奖惩机制
确保设计成本控制在预算范围内	·各设计阶段都及时做好相应经济测算工作 ·与政府部门及行业主管部门充分沟通，争取政策优惠 ·设计全过程的成本跟踪控制
确保设计工作按时完成	·确定合理的设计工作完成时间 ·合理处置变动的、增加的设计工作量 ·设计奖惩机制
确保设计变更合理有效	·提出变更的合理性 ·对变更成本的测算 ·变更设计的内部审核及控制 ·变更设计的进度控制
确保附属工程设计合理有效	·附属工程设计的内部审核制度 ·相应的成本测算
确保专业设计得合理有效	·与专业公司充分沟通，确定最优的专业设计方案 ·专业设计与土建设计、环境设计的有机组合 ·质量、进度及投资成本的全程跟踪
确保施工图审核通过	·审图修改意见的及时反馈

一、设计程序与报批报建的切入管理

（一）规划设计阶段

1. 规划设计方案阶段

（1）组建设计评审小组，包括建设单位工程技术部门、商务合约部门、设计部门、造价部门，项目管理公司项目经理、设计管理人员、商务合约人员、工程管理人员、相关专家等，建设单位相关领导为组长。

（2）设计管理人员根据项目地块《控制性详细规划》《相关地质勘探资料》《土地使用条件》《项目策划方案》以及确定的项目开发理念及意图，组织编写《规划设计方案任务书》（内容包括设计内容、设计需达到的质量标准、设计时间、提交成果方式及内容等），提交建设单位审批，建设单位设计部门对任务书编写提供支持与指导，投资部门对策划方案做出说明，对方案中不合理之处做出改进。

（3）项目经理与设计管理人员负责收集规划设计公司的信息及资料（包括资质审核，人员设备实力、质量保证体系、工作质量、社会信誉，建立设计单位资质档案），对其设计能力及设计成果进行初步考察，初步了解设计人员对项目开发理念及策划方案的理解程度，初步了解各设计公司的收费标准，拟定参与规划设计方案的设计公司名单及简介，报建设单位审批。

（4）建设单位依据资料确定参与项目规划方案设计招投标的设计公司（一般不超过5家），确定设计费用，项目经理依据资料提出自身对参与的设计公司初选意见和建议。

（5）设计管理人员向参与规划方案设计招投标公司发放《规划设计方案任务书》，并提供设计公司要求的其他资料，签订设计合同，同时加强与设计公司人员的沟通及互动，确保项目理念、项目策划要求被设计人员充分理解，并在方案中体现。

（6）确保各设计公司处于平等的竞争地位，使各设计公司处于公平竞争的良性状态，充分挖掘出各设计公司的智慧及想象力，形成优秀的方案作品。

（7）设计管理人员负责各设计公司方案（包括初稿、修改稿、确定稿）进度，并及时将各阶段方案报设计评审小组进行评审，并将评审意见以书面形式反馈给设计公司进行修改，直至最终确定各设计公司参与投标方案。

（8）项目经理组织对各设计公司在各设计阶段的方案进行相应的经济测算及可行性分析，并报设计评审小组作为评审依据之一。

2. 规划设计方案评审

（1）项目经理依据建设单位要求及规划方案设计进度组织政府主管部门召开方案评审会，包括确定会议的时间、地点、参评专家、会议议程及其他相关事项。

（2）设计管理人员负责与各设计公司协调，督促完成参与评审方案的成果制作，包括文本、各类效果图、电子展示图等，并于评审会前做好会场布置及后勤工作安排。

（3）规划方案评审会确定中标设计公司的，建设单位与其进行下一步工作安排；如未能确定中标设计公司的，建设单位应依据评审意见，重新组织第二轮方案设计，操作程序不变，直至最终确定规划方案设计中标公司。

3. 修建性详细规划的设计及确定

（1）项目经理负责与规划设计中标单位确定修建性详规设计内容、进度及费用，并报建设单位审批，设计管理人员负责拟定相应合同及协议，并报建设单位签署执行。

（2）设计管理人员负责将方案评审会意见整理成书面材料，发给中标设计公司作为修建性详规设计依据，同时负责详规设计进度及质量控制。

（3）项目经理负责详规设计阶段的经济测算及可行性研究，提出设计建议，并安排报批报建事务专员与相应主管部门衔接规划报批事宜。

（4）项目经理在修建性详细规划设计过程中给予全程技术支持和建议，确保项目理念及意图得以体现。

（5）设计管理人员负责规划设计阶段的设计过程总结、设计资料归档保存等工作。

（6）报批报建专员负责处理与规划审定相关的其他事务，确保修建性详细规划早日确定。

（二）建筑方案设计阶段（参考第62页，（一）规划设计阶段内容）

1. 建筑方案评审小组的成立同第一节第（1）条。

2. 设计管理人员依据确定的项目《修建性详规》《项目策划方案》及项目的开发理念及意图，组织编写《建筑方案设计任务书》，提交建设单位审批，建设单位设计部门及策划部门给予技术支持和策划方案的解释说明。设计任务书中应包含建（构）筑物的功能要求，建筑总体风格的确定、地点位置的确定、面积及户型比例要求、设备及配套设计要求、环境设计指标及要求等，对暂不能够确定的事项应提交上级主管部门尽早确定。

3. 参与建筑方案设计的设计公司初选及确定依据第一节第（3）、（4）条执行。

4. 建设单位与参与建筑方案设计公司的协调、沟通依据第一节第（5）条执行。

5. 公平竞争原则、激发设计公司创作热情原则依据第一节第（6）条执行。

6. 建筑方案评审小组对方案进行初审直至最终确定参与建筑方案招投标方案依据第一节第（7）条执行。

7. 建筑方案评审会的组织及召开，各部门及人员分工依据第二节操作程序执行。

8. 建筑方案中标设计公司不直接作为项目初步设计及施工图设计的承担者，但其具有优先考虑资格。

9. 报批报建人员负责建筑方案评审后相关行政手续的办理，设计管理专员负责会议纪要的整理、建筑设计资料的保存归档、建筑设计工作总结的编写等相关工作。

（三）初步设计阶段

1. 设计管理人员组织项目地块的地质详勘，出具正式勘察报告，报批报建人员将地质勘察报告送行政部门审查，对审查意见进行补勘及修改，最终确定项目地块地质勘察报告。

2. 初步设计及施工图设计公司的确定应采用招投标方式，如需通过政府公开招投标方式进行的，参照政府部门相关规定执行，设计管理人员会同合约人员负责拟定《初步设计及施工图设计招投标文件》，内容包括资质要求、设计人员资格要求、设计内容要求、进度及质量要求、收费要求等项目，报建设单位审批、签发。

3. 初步设计及施工图设计参与投标单位的初选工作由项目经理和设计管理人员负责，参照第一节第（3）条执行，招投标领导小组依据各设计单位投标资料确定初步设计及施工图设计中标公司，并签订相应设计合同。

4. 设计管理人员对原《建筑方案设计任务书》进行调整及优化，明确初步设计及施工图设计任务内容，并报建设单位审批，签发。

5. 设计管理人员负责将《初步设计及施工图设计任务书》提交给中标设计公司，并提供设计所需其他资料，要求设计公司制订出设计人员组成名单、设计进度等工作计划，并报建设单位审批。

6. 配套专业初步设计工作由项目经理负责组织实施，其设计公司需进行招投标的，参照第（三）节，第2、3条执行，设计管理专员负责提供配套专业设计要求，拟定相应设计合同及报审，并协调配套专业设计与土建设计之间的相互关系，使各类型初步设计工作有机结合。

7. 成立由建设单位投资部门、设计部门、策划部门、合约部门、设计管理人员、预决算人员、报批报建人员及外聘专家、学者组成的初步设计及施工图设计内部评审小组，负责对各阶段初步设计方案进行内部评审，由设计管理人员负责组织设计公司依据评审意见进行修改，直至形成可以送审的初步设计成果。

8. 建设单位有权决定是否采纳该初步设计，相关政府部门协调工作由报批报建专员组织。

9. 扩初设计评审会召开参照第（一）节，第2条程序执行。

10. 报批报建专员负责完善扩初方案评审需具备的其他行政条件，并在扩初方案评审会后取得项目扩初批文。

（四）施工图设计阶段

1. 施工图设计公司与扩初设计公司相同，在扩初设计开始前由招投标方式确定。

2. 设计管理人员将确定的《施工图设计任务书》及相关资料提交给设计公司，并将设计公司编制的设计人员组成名单及设计进度计划报建设单位审批。

3. 施工图设计合同依据设计公司中标条款拟定，由建设单位审核，签发。

4. 设计管理人员负责监督执行设计合同，并对施工图设计中的投资成本、设计质量和进度进行适时跟踪，对设计过程中产生的问题及时整理、汇报，并以书面形式答复设计单位。

5. 施工图设计过程中，项目经理给予全过程技术指导及监督。

在施工图设计过程中，项目组各专业技术人员通过对阶段性设计成果的审查，对设计质量进行严格的跟踪控制。施工图设计阶段主要控制的要素有：

（1）建筑物的立面造型，建筑物群体及其与周围环境的关系；（2）建筑平面布置；（3）对声、光、热工、通风、消防等环境条件所采取的技术措施；（4）装修标准及主要建筑构造；（5）结构选型；（6）地基处理和基础形式；（7）伸缩缝、沉降缝和防震缝；（8）新技术、新结构、新材料的采用；（9）供电设计；（10）电力设计；（11）照明设计；（12）自动控制设计；（13）通信设计；（14）防雷保护；（15）给水设计；（16）排水设计；（17）空调设计；（18）通风设计。

（五）配套工程、特种专业设计

1. 配套工程、特种专业设计一般由专业公司承担，基本不存在招投标问题。

2. 设计管理人员负责确定、整理需进行配套工程、特种专业设计的工作内容，拟定相应的设计任务书，报建设单位审批。

3. 建设单位负责确定配套工程、特种专业的设计方案（与专业人员共同协商确定），做好相应的经济测算，拟定好设计合同，由领导签发。

4. 项目经理对配套工程、特种专业设计工作进行全程指导和监督。

5. 配套工程、特种专业设计成果由项目经理向建设单位汇报确认。

6. 设计管理人员负责与设计单位及人员的协调与沟通，负责进度及质量跟踪，并做好图纸归档整理工作，编写设计总结。

（六）设计成果的审查——施工图审查

1. 地质勘察报告、全套土建施工图（含基础、地下及地上部分）水电暖通图都在施工图审查范围内，相应的行政审批手续由报建报批人员办理。

2. 设计管理人员负责与审图人员协调沟通，解答对方提出的问题，需由设计人员解答的或需由建设单位领导确定的事宜应及时联系或汇报。

3. 设计管理专员应将初审意见及时以书面方式传达给设计公司，并组织设计人员在 3~5 天内给出意见答复，并及时将答复送交审图人员。

4. 复审通过的，领取审图报告；复审不通过的，按上程序再行办理，直至审查通过。

5. 项目经理负责将审图报告整理作为工程招投标用件之一。

（七）设计变更的处理

1. 工程设计变更分为三类：设计单位设计变更、施工现场设计变更、业主要求的设计变更。

2. 设计单位设计变更，由建设单位签收备案，并按规定份数转发给工程部、监理公司。由监理工程师签字后转发施工单位。

3. 施工现场设计变更，由监理工程师会同工程部向设计单位提出变更要求，设计管理专员提交设计院，由设计院出具现场“变更通知书”，由建设单位签收备案，并转发给相关部门执行。

不需通过设计院的设计变更由设计管理人员负责编写，经项目经理审核、建设单位审批后，留档并转发给相关部门执行。

4. 业主要求的设计变更，由设计管理人员评审其可行性，测算变更费用，提交设计院出具“变更通知书”，转发给相关部门执行。不需通过设计院的设计变更由设计管理专员负责编写，项目经理审核、建设单位审批后，留档并转发给相关部门执行。

（八）设计成果的整理

设计管理人员负责对各阶段设计成果进行归档整理，做好图纸的发放登记工作，整理编写各阶段设计工作总结以备用。

二、总结

整体来说，重诺履约的市场环境，是顺利开展 PPP 模式项目管理的前提和保障。过去我国许多政企合作项目都是“形似而神不似”，一定程度上在于政府没有作为平等的参与者，缺少“契约精神”。因此，项目管理工作开展就异常困难，创新一种取信于民、取信于企的诚信监管机制，维护重诺履约的市场氛围是 PPP 模式的重点。然而设计管理工作仅是建设工程全过程项目管理中的一项基础工作，要使建设项目有序推进，合同管理、造价管理、信息管理、现场管理等都是不可或缺的重要环节，设计管理作为贯穿项目始终的具体工作，为其他工作的顺利开展奠定了基础。

参考文献：

[1] 曹冬兵. 政府工程PM模式项目管理操作实务. 中国建筑工业出版社，2014，07

开展“项目管理+工程监理”一体化服务 提升工程管理效能——万科紫悦湾一期项目管理实践

武汉中建项目管理有限公司 汪德兰

摘　要：企业向“项目管理+工程监理”一体化服务发展势在必行。通过万科紫悦湾一期项目管理的实践，彰显了企业转型体制的优势，积累了一体化服务的经验。

关键词：企业转型　项目管理　一体化服务　效能提升

一、项目概况

1. 一体化管理背景

企业转型之路。2014 年以来，武汉中建管理公司积极推进企业转型，变单一的工程监理为工程监理、项目管理两轮驱动，逐步向咨询公司转型。

业主服务所需。随着万科进入千亿平台，专做投资人、专业人做专业事的呼声不断加大，先后将销售代理、全程造价咨询、财务做账等业务外包。为进一步提高投资效率和人员效率，工程项目管理外包应运而生。

延伸合作的必然。从 2001 年开始，中建管理公司陆续承接了武汉万科地产 19 个楼盘 550 万 m^2 的监理任务。15 年来，公司全面熟悉万科的管理要求，本项目推行“项目管理 + 工程监理”一体化服务也就水到渠成。

2. 服务合同

2014 年 9 月，公司与武汉万科公司签订了万科花山紫悦湾一期（14 万 m^2，24 个单元洋房，8 栋高层精装修交付）项目的服务协议，服务内容包括：项目管理 + 工程监理 + 专业验房 + 交付后两年维修管理。

3. 项目目标

公司提出的项目管理综合目标：充当业主角色主动管理；业主认可，后期工程持续合作；拓宽工作范围；总结完善流程。

4. 项目架构

人员配置合理，专业配套，机构运行畅通。

二、项目管理实践

1. 指导思想

通过“项目管理 + 工程监理”的一体化服务，深度融合，加强分工与协作，减少项目管理的内部工作界面，实现资源共享，提高工作效率。监理团队充分借助项管部宏观控制与协调的优势，参与项目运作，提出合理化建议，执行项目工作计划。

2. 策划先行，优化落地

项目分期策划：首先根据项目销售总体目标包括销售区域、产品类型、主力户型，公司制定新的年销售额，然后考虑铝模流水、周转及最经济配模，PC 的插入时间，制定开发顺序。排出项目首期主要工程节点时间计划，包括首期开工，后期达到预售条件，示范区开工，示范区达到开放条件；再排出项目开放关键节点时间计划，如设计、工程报批报建节点时间；上报几种可行分期方案，选取最优分期方案实施。

防渗漏体系策划优化：住宅质量好不好，漏水指标至关重要；公司对项目防渗漏体系进行了策划优化。

设计措施。我们经过跟设计院多次沟通，采用了外墙全混凝土布置，门窗企口、滴水线槽一起成型的设计思路。

施工组织措施。优化铝模使二次构件及厨卫反坎与主体同步浇筑，多级线条顶层现浇。根据现场实际情况深化了防水设计，屋面均采用双层防水。

市政机电优化：编制示范区施工计划和示范区供水、供电方案。根据景观设计图纸，绘制综合管线图纸。对小区周边雨污水检查井数据进行复核，编制小区污水排放方案并组织方案讨论等。

园建先行：园建先行策划是我们项目的一大亮点，其目的是改善环境质量，提高观赏效果，提升交付品质，减少降尘达到绿色施工的目的。

园建先行实现了绿色施工，永久道路的先行，大量减少对后期临时道路破除，节约了大量成本；楼层周边园建及管网的先行，提前了工期，提升了服务品质，得到了客户的好评。当然也遇到过一些问题和阻碍，如天然气不能提前插入，现场预留工作量较大，成品保护工作量加大，等等。

3. 计划精准、实施到位

本项目为住宅项目，工期进度是核心指标，关系到万科品牌的重大利益，与客户签订的交付合同及客户满意度也息息相关，所以必须计划精准，实施到位。

计划管理：项目管理部主要负责二、三级进度计划的编制及更新、资金计划的编制及支付管理、监督施工单位进度计划执行。

调整跟进，纠偏措施：在项目实施的过程中定期地进行项目目标的计划值和实际值的比较，当发现项目目标偏离时采取有效纠偏措施。为避免目标偏离的发生，还重视了事前的主动控制，分析可能导致进度目标偏离的各种影响因素，制订有效的预防措施。

计划效果显现。配合万科将工程工作标准写入合同，有理有据，切实可行。前期策划力求考虑细致，做到计划周密，易于操作，因此，我们从容地完成了所有计划节点目标，这是万科示范区史上少见的。

4. 一体化精细管理

狠抓质量意识和标准：项目管理部发布工作标准，定期组织各监理部、参建商、供货商进行质量理念和工艺培训，加强每一个管理者对质量和质量工作的认识，提升质量管理的能力，进而做到精细管理。

监理部坚持样板引路制度：从“材料样板”、到“工艺样板”、再到“交付样板”的步步推进，一直到最终交付业主的建筑标准，都是靠样板开路的。

实行实测实量检查验收标准：实测实量能够客观地反映出项目各阶段的工程质量水平，促进实体质量的及时改进。实测实量不仅能够达到实体质量目标，还能使施工从上一阶段到下一阶段更加顺利地发展。

万科集团全面推行第三方综合评估，经过第三方评估，我们实测实量合格率达到96.61%，符合度达到99.33%，取得了武汉第一的成绩。

5. 成本管理注重实效

项目成本的发生涉及项目的整个周期，贯穿项目全过程，减少施工成本支出，在确保工程质量的前提下，尽量避免或减少工程返工费和工程移交后的保修费用，使工程成本始终处于有效控制的状态。由于前期采取了有效预防措施，不仅减少了工程变更，而且还节省了施工成本。

项目实施中，严格工程变更的程序，变更签订必须原始记录及影像资料齐全，工程变更符合规定，审核程序到位，方能实施变更，办理工程结算。

三、阶段性成绩

经过近一年的运行，项目管理取得了阶段性的成绩。

进度目标实现：商业示范区及洋房示范区的提前开放。首期3万m^2洋房如期达到预售节点。

第三方评估初显成效：第一季度实测未参评，安全文明施工武汉公司第三名；第二季度的第三方评估武汉公司第一名，成都区域共计67个项目中排名第6，是武汉公司唯一一个达到区域优秀的项目。渗漏及空鼓开裂合格率也达到了100%。

后续合同签订：项目各项工作有序推进，示范区按时品质开放，每次第三方评估成绩斐然，赢得了万科信任。

四、体会

在本项目“项目管理＋工程监理”一体化工作的开展，充分发挥了体制的优势。

1. 目标一致。传统模式下，监理方与业主单位在工程目标上难以完全正确一致，监理方只了解部分目标或了解目标较晚，影响工程目标的全面实现。

2. 专业人员做专业事效果更好。公司精心组建了项管部人员，他们懂技术、懂施工，因此提出的方案和安排的计划效果更好，效率更高。

3. 计划执行力提高。一体化下项管和监理同属一个公司，项目总监参与项管部计划的制订工作，充分理解计划意图，计划也就能得到无缝隙的执行。如实测实量检查验收制度在本项目完全落实。

4.“项目管理＋工程监理”一体化运作成效显著。

PM模式在卡杨公路工程项目上的实践与探讨

四川二滩建设咨询有限公司　左红军

根据住建部的定义，工程项目管理（PM）是指从事工程项目管理的企业受业主委托，按照合同约定，代表业主对工程项目的组织实施进行全过程或若干阶段的管理和服务。PM是项目业主职能的补充与延伸，业主聘用项目管理企业的期望是利用其整体的、系统化的经验及方法，帮助业主明确项目目标、优化技术方案及执行策略，制定科学可行的项目执行计划，监督协调各承包商的工作，发现项目的问题并提出解决方案，以确保项目目标的全面实现。笔者有幸参加了题述工程PM模式的管理实践，借此机会做一个交流与探讨。

一、工程简介

雅砻江卡拉、杨房沟水电站位于雅砻江中游河段凉山彝族自治州木里县境内，是雅砻江中游梯级开发的骨干电站。两水电站远离现有的交通网络，交通条件较差，对外交通公路是制约两电站乃至中游河段各梯级水电站能否早日开工建设的关键因素之一。为此，雅砻江流域水电开发有限公司（以下简称雅砻江公司）决定修建雅砻江卡拉、杨房沟水电站交通专用公路（以下简称卡杨公路）。

卡杨公路建成后全长92.6km，起点位于锦屏一级左岸缆机平台交通洞进口附近，距锦屏一级坝址约400m，终点位于杨房沟水电站金波石料场下游约350m左右，距杨房沟电站坝址约1.2km。

卡杨公路沿雅砻江左岸，逆江而上布置，途经三滩沟、矮子沟、茶地沟、洪水沟、骆驼沟、央沟、纤纬沟、大碧沟、喇嘛寺沟及杨房沟等大小冲沟。采用公路三级标准，设计行车速度为30km/h，一般路段为单线双向双车道，特长隧道及其接线路段为双线单向单车道。全线共设隧道33座，总长约48.1km，其中超过3km的特长隧道共3座，分别是矮子沟特长隧道（7240/7266m）、茶地沟特长隧道（6307.3/6301m）和草坪子特长隧道（4787.8/4712.3m）；桥梁共14座，总长约1.83km，均为中大型桥梁，其中变截面连续刚构桥3座、箱形拱桥1座、其余均为简支变连续T梁或简支T梁桥。

二、项目背景

卡杨公路筹建于2008年，2010年开工，2014年完工通车，而这几年正是雅砻江下游河段几个大型电站工程建设的关键年、高峰年。距离卡杨公路最近的锦屏一级、二级水电站，更是重中之重，2008年是锦屏一级的开挖高峰年，也是主体工程浇筑的起始年；2009、2010年是浇筑的高峰年。

卡杨公路战线长、沿途没有既有交通条件，桥隧比达54%，自起点到终点，需绕行至漫水湾、盐源、木里，绕行距离达400余公里，沿途大部分为年久失修的林场道路；卡杨公路地处藏区，民族地区民风彪悍、征地拆迁工作任务复杂而繁重；卡杨公路沿线地质条件复杂，同时地处林区，冬季防火压力巨大。

卡杨公路起点位于锦屏水电站，雅

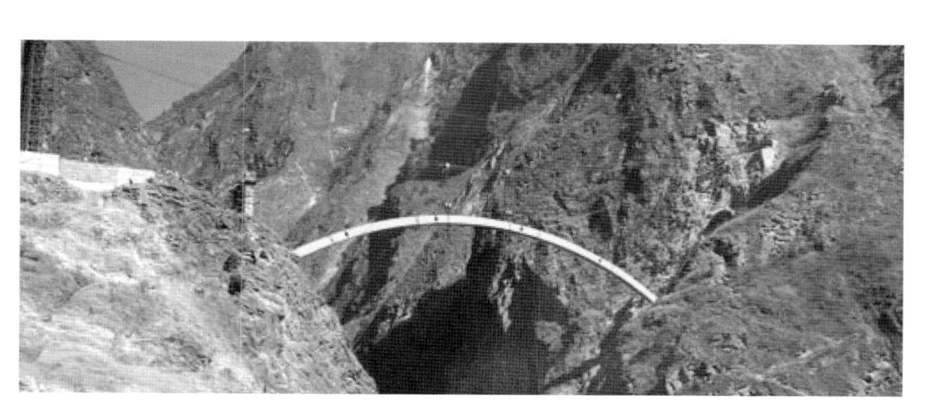

砻江公司在锦屏水电站的现场管理机构为锦屏建设管理局，雅砻江公司分析论证认为，如果依托锦屏建设管理局或为卡杨公路自己成立其新的现场管理机构来履行卡杨公路工程的现场管理业主职责，势必牵扯目前已经十分紧张的管理精力，并分散有限的人力资源。为此，雅砻江公司决定实施 PM 模式，即卡杨公路大量具体的项目管理工作将由项目管理企业完成，雅砻江公司只需对一些关键性的问题进行决策和审批。

自 20 世纪 90 年代以来，二滩建设先后承担了二滩水电站、锦屏、紫坪铺、龙滩等国内多个大中型水电、市政工程项目的监理、咨询服务。特别是承担成都市中心城区水环境综合整治工程建设的协助管理及咨询服务以来，为二滩建设增添了新的工程建设管理业绩与经验。经过多年的运行和改革，二滩建设从人力资源、组织机构、管理体系、内部管理、技术能力、人员整体素质等方面都有了极大的提高，进入了国内准一流监理咨询企业行列，具有承担 PM 管理服务的能力。根据住建部《建设工程项目管理试行办法》第七条“工程项目业主方可以通过招标或委托等方式选择项目管理企业……”，雅砻江公司将卡杨公路的现场管理工作委托给四川二滩建设咨询有限公司（以下简称二滩建设）进行管理。

三、具体做法

雅砻江公司与二滩建设签署了《雅砻江卡拉、杨房沟水电站交通专用公路工程项目建设委托管理合同文件》（简称《委托管理合同》），明确合同双方的责任权利和义务，明确了项目管理目标及其考核等具体要求。具体如下：

（一）责任界面

除项目核准、征地移民、设计前期管理、招标采购项目的招标管理、重大设计变更管理、资金支付、竣工验收与决算等职责由雅砻江公司来负责外，其余职责均由二滩建设来负责并按要求目标完成。

（二）主要控制目标

1. 投资控制

（1）根据合同双方职责划分确定投

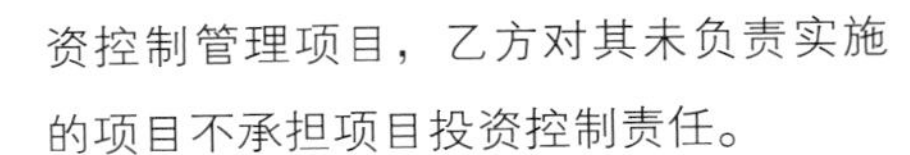
资控制管理项目，乙方对其未负责实施的项目不承担项目投资控制责任。

（2）静态控制，动态管理。在满足总体投资控制目标的情况下，项目投资控制目标可适当调整。

2. 进度控制

在不发生重大设计变更或其他不可抗力事件的情况下，项目建设考核工期目标为 2013 年 6 月 30 日全线通车，2014 年 6 月 30 日完成工程竣工验收和移交。

3. 安全管理

全面控制项目人身死亡等各类事故的发生，不发生直接责任性一般及以上人身死亡事故；杜绝非直接责任性较大及以上人身死亡事故、设备事故和火灾事故。

4. 质量目标

满足相关合同要求。

5. 环保水保控制

满足审定的环保水保报告书的要求。

6. 档案管理

满足完整、准确、系统、规范及专项审计要求。

（三）考核办法

制定并签署了具体的项目目标管理考核办法。

1. 考核方式及程序

由雅砻江公司组成考核组对二滩建设进行考核。二滩建设在开工后每年 1 月 20 日前提交年度项目管理自检报告，并提出年度考核申请（最后一年的年度考核申请时间由乙方自行决定）。工程移交前提出总体项目建设管理自检报告，并提出总目标考核申请。

2. 考核总原则

（1）目标考核分为年度目标考核与总目标考核，考核总标准分 100 分，考核时不扣分即得分。

（2）目标考核内容共五项：即投资、进度、安全、质量、环保水保等综合考核，所占比例分别为 20%、25%、25%、20%、10%。若安全、质量和环保水保发生年度考核目标中的约定扣分事项，除按项进行扣分外，另按项追加违约罚金（违约罚金可累计）。

（3）年度考核只罚不奖，若按合同规定完成项目考核总目标，则按比例无息返还所扣对应款项。但追加违约罚金一旦执行不予返还。

四、管理成效

依据《委托管理合同》，在雅砻江公司、设计、施工、监理等参建各方的大力支持与配合之下，二滩建设较好地履行了《委托管理合同》的各项职责，各项管理目标顺利实现。

卡杨公路共 11 个土建标，2010 年 4 月 8 日，土建 1 至 4 标开工；2011 年 2 月 15 日，土建 5 至 11 标开工。2014 年 6 月，卡杨公路土建 6 至 9 标完工通车；2014 年 10 月，卡杨公路全线建成通车。2015 年 12 月，卡杨公路各标段合同了结工作完成、档案验收归档工作完成。

五、相关经验

作为卡杨公路 PM 项目管理的实践者，笔者认为应充分关注以下几点：

（一）签署《委托管理合同》前需赴现场调查研究，彻底了解现场各方面情况，将各方面的管理风险进行识别、分类，签署一份甲乙双方能够有共同认识的合同，增进互信，确保双方利益最大化，确保在合同履行过程中的分歧最少。

（二）甲乙双方应建立顺畅日常联络机制和决策机制，明确能够快速反应的决策者，减少中间汇报环节，避免管理过程中出现推诿扯皮的现象发生。

（三）项目管理单位内部管理工作界面、职责、资源安排、考核机制等方面需适应项目管理要求，必要时主要领导需亲自挂帅，确保现场管理工作能够安全、高效、有序。

（四）现场管理工作应充分借鉴委托方已有的现场管理模式，避免走弯路。

（五）现场管理工作应结合现场实际，及时调整其管理策略，确保充足资金，充分调动设计、监理、承包人等各方积极性、主动性和创造性。

（六）建立重大节点日报、周报、月报机制，做好信息反馈工作，及时向相关方反馈相关信息、数据，不断明确最终目标，通过有效手段形成合力。

（七）过程中及时处理相关变更、索赔项目，及时整理相关文档，确保整体管理目标按期实现，避免因合同了结、档案管理而造成的一再拖延的现象发生，以减少各方现场管理成本。

六、结束语

通过卡杨公路项目的 PM 管理实践，笔者认为这一方式具有两方面的优势：一是弥补了项目业主人力资源不足的问题；二是项目管理企业以高度专业化、科学化、市场化管理手段，对工程实施的全过程进行管理和有效控制，最大限度地保证工程建设的高效开展。与此同时，这也使得工程出现质量事故时责任更加明确，容易追究。对于项目业主来说，减少了多头管理的负担，可以把主要精力集中在筹资和其他宏观事项方面。

目前，电力市场过剩，电力生产企业投资效益受损，提质增效的管理形式日益严峻。如何利用现有人力资源来做好现有基建项目的管理？如何利用现有人力资源来做好电厂日常的运行维护工作？笔者认为严控现有人力资源，借助社会力量，分工合作，采取 PM 项目管理模式，将会大幅减少各电力生产企业的管理成本。

模块化管理在监理工作中的应用

上海建科工程咨询有限公司　吕海燕　马小杉

摘　要：监理行业不断发展，监理工作方法也应有所革新，苏州工业园区体育中心项目监理首次将模块化管理运用到监理工作之中，辅助用以BIM技术，科学地将工程内容进行了模块化分析，模块化管理，取得了不俗的成绩。

关键词：工程监理　模块化　BIM　工序识别　进度控制

一、概述

（一）监理主要工作内容

我国监理制度自1988年确定至今，经过近三十年的发展，监理的工作内容已从最初单一的施工过程质量管理，到“三控两管一协调”，再到现阶段的“三控三管一协调”。所谓“三控”，是指对工程质量、进度、投资的控制，“三管”是指工程的合同、信息、职业健康安全与环境管理，“一协调”则是对参建各方进行全面的组织协调。

而随着行业的不断发展，监理的工作范围也从仅侧重于工程实施过程的监理，逐渐延伸细化到工程的决策、设计、施工、交付等各个阶段，实现整个项目生命周期的监理，与之相对应的，监理的工作方法也需要进行更多的思考，归纳，以更好地达到监理工作目标，实现建设单位的投资收益最大化，促进行业发展。

（二）模块化管理的特点及优势

模块化管理就是将工作内容分解，把问题细化，并对其分级别管理，各负其责，最终达到良好的整体管理效果。模块化管理在各行各业都有着广泛的应用，其优势主要在于：1）提前完成工作内容的分解，对工作的实施、进度、成本均可进行一定程度的预判，达到良好的事前控制功能；2）在工作内容分解的基础上，明确管理工作的重点及对应责任人，可在工作实际开展过程中发生问题时采取更及时有效的处理措施。

（三）监理工作中模块化管理模式的引入

将模块化管理模式作为管理方法引入监理工作当中，是苏州工业园区体育中心项目一标段监理项目部（以下简称“苏体监理”）的一次“试水”，结合模块化管理自身的特点及优势，体育中心结合以下因素，决定采用模块化管理方法对整个工程的监理工作进行管理：1）工程内容特点及施工顺序适用模块化管理；2）模块化管理在完成了施工区域模块划分的前提下，对模块内施工内容进行了工序识别，细化工作重点，确立管理责任明确到人的制度，有助于工程实施过程中的质量控制；3）事前介入程度的加深，提前对工程进度、投资进行预判，能更好地加强监理在事前控制中起到的作用。

作为一次“试水”，苏体监理没有面面俱到地将模块化管理渗入到“三控三管一协调”的每一项工作内容，而是有针对性地在工程质量控制、进度控制、投资控制和信息管理工作中，采用模块化管理方法，取得了不俗的成果。

二、模块化管理的基石——模块划分

“模块”概念的确定和工程内容的模块划分，是模块化管理的基石，不同的工程内容，根据不同的原则将其划分成若干个模块，赋予每个模块独立特定的内容；而所有模块之间又有着隐含的关系，可以联结起来合成一个整体，完成整个工程的功能。因此，对工程内容进行模块划分，是将模块化管理应用于监理工作的基本前提。

工程内容模块划分是指根据工程建设形式、施工顺序、专业特点等信息，将整个工程模块化，通常不同的专业，模块划分的依据和形式各有不同，比如土建专业可根据楼层、户型、地块进行划分，相当于标准层概念的一个引申；钢结构专业可根据构件、节点形式，安装施工顺序进行划分；幕墙、机电专业可根据自身系统的划分来进行模块的划分。

模块划分的作用在于某种程度上的简化管理体量和难度，将一个模块所涵盖的材料、工序、措施等各项内容梳理清楚并确定管理重点、对应责任人之后，进而推及所有模块，即完成整个项目的管理。工程的单一性，各专业之间的相对独立性，导致施工区域的模块划分并无通用的标准和方法，总的来说，模块划分应以充分了解工程结构、形式特点为前提，以便于管理为目的。除质量控制工作外，进度控制、投资控制等其他工作的模块化管理的推行，均以划分好的模块为基础开展。

三、模块化管理在工程监理质量控制中的应用

（一）监理质量控制工作模块化

质量控制一直首当其冲，成了监理工作的最大的重点，而建筑工程单一、独特的特点，让模块化管理看起来毫无用武之地，而实际上，工程实体质量并非无规律可循，结合每个工程自身的特点，在已划分好的模块上完成对应的工序识别，在工序识别的基础上进行模块质量控制，从而完成整个项目的质量控制。

1. 单个模块内容工序识别

就质量控制工作而言，单个模块内容工序识别是模块划分之后首先需要进行的。施工工序的确定可以更加清晰地显示出模块内工序控制的重点，不仅能明确监理验收要求，还能帮助施工单位明确具体控制要求，有效控制各道工序质量。

工序识别要求确定完成模块内容的所有工序及其施工顺序，确定每道工序的施工内容、使用材料、控制重点、验收方法、对应责任人等信息，同时关注工序间的交叉搭接，识别出所有工序中涉及结构安全、观感效果、使用功能等影响最终工程交付成果的工序并加以重点关注，最终将所有内容汇总成一张完整的该模块工序控制一览表，为后续工程实体质量控制提供有效的管理工具。

不同的专业，工序识别的侧重点和深度亦有不同，如土建、钢结构、精装等专业，模块之间可能有很大程度的相似性，因此单个模块的工序识别完成之后，可直接或稍作修改便与其他模块通用，这就意味着工序识别时需尽量清晰细致，将模块之间存在的细微差别表述清楚；而幕墙、机电安装等根据自身系统进行模块划分的专业，因系统之间的差异性较大，模块之间可通用工序控制内容较少，可能每个模块都需要单独进行工序识别，因此工序识别的工作量会较大，这就要求工序识别能够全面，将模块内每道工序内容识别准确，把施工顺序梳理清楚。

2. 基于模块划分和工序识别的模块质量控制

工序识别是在完成模块划分的基础上，对模块区域内的施工工序及相应控制内容进行识别确定，而以工序识别为基础，则可以进行模块内容的质量控制。

工序识别首先完成了每一道工序施工内容、施工顺序的确定，进而对工序施工所需的材料、机械及人工有了大致的掌握，这使得监理在每道工序施工前，对该道工序是否具备材料已报验、设备已进场、人工已足量、前道工序已验收等一系列施工条件，有了较全面的掌握。

其次，工序识别过程中，具体对施工顺序、方法的确定，可以将施工的技术难点、不同专业交叉界面，甚至设计阶段可能考虑不周全的细节问题提前暴露出来，在实际施工前完成对这些问题的讨论及解决措施的确定，减少施工过程中出现问题的可能，降低了出现返工，造成人工、材料等成本浪费的风险。

最后，工序识别对每道工序质量控制责任人的认定，明确了施工单位、监理单位在施工过程中的责任及对口人员，建立起了及时有效的信息沟通机制，这样一旦施工过程中发生任何问题，建设单位、施工单位、监理单位都能迅速地确定负责人，及时地达到信息对等，从而能更快速有效地解决问题。

（二）应用实例

以苏体监理钢结构专业组所负责的体育馆（本项目两个单位工程之一）为例（图 1），苏体监理首先根据工程结构特点，将整个体育馆钢结构分为外围和屋架两大部分，然后对这两部分分别进行施工区域模块的划分。

图1　体育馆钢结构效果图

体育馆钢结构外围的主要节点形式是环梁与柱的结合，共计外圈 28 根 V 形柱和内圈 56 根摇摆柱，以及各方向之间的联系梁，借助 BIM 技术建立模型及汇总信息的功能，苏体监理以一个 V 形柱所对应的外围范围为一个模块，将整个外围结构部位划分为 28 个施工模块（图 2）；屋架的主要节点形式是主次桁架的结合，共计屋架范围内部分 4 榀主桁架和 12 榀次桁架，以及各桁架之间的联系杆件，苏体监理以分区内主次桁架的范围为模块进行划分，将整个屋架结构部位划分为 15 个施工模块（图 3）。

钢结构划分的模块之间相似度很高，工序识别成果基本可以通用，因此苏体监理在模块划分完成之后，分别对外围和屋架的单个模块进行

图2　单个外围模块模型示意图

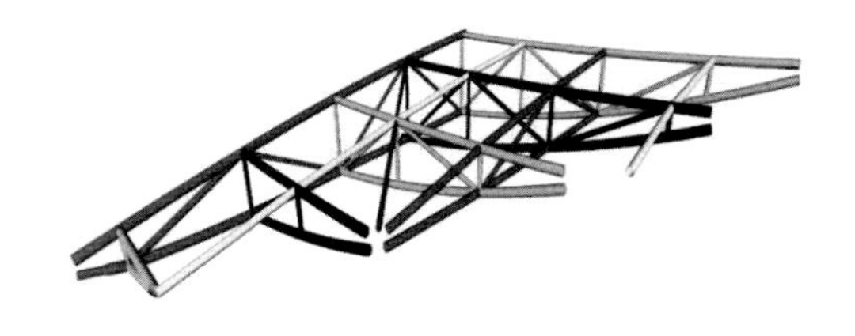

图3　单个屋架模块模型示意图

了工序识别，并通用于两大部分的其他模块，此次工序识别不仅确定了模块内构件数量、焊缝条数、焊接形式等内容，更对模块内每道工序有了更清晰明了的划分，进而确定了工序控制的重点，在此基础上，梳理除了模块内的工序基本流程图（图 4）和更细致更准确的《模块工序控制一览表》（表 1）

从表 1 可以看出，《模块工序控制一览表》对每一道工序的施工内容、控制要点、责任人都有着明确的认定，同时也确定了整个工程的重点工序（★标工序），这些工序直接影响最后完成的结构形态和受力状态是否满足设计要求，因此在施工过程中对此进行重点监控，通过对重点工序的重点控制来达到分块直至整体质量控制的目标。

四、模块化管理在工程监理进度及投资控制中的应用

（一）监理进度控制工作模块化

如果说模块化管理中工作内容分解的特点有助于监理质量控制工作的展开，那通过模块分析对整体工作的进度、成本进行预判这一优势则在监理进度和投资控制工作中，起到了举足轻重的作用。

模块工序控制一览表（部分示例）　　**表1**

序号	工序名称	工序内容	控制内容	记录	责任人
1	预埋件（包括V形柱和摇摆柱底、斜墙埋件）	预埋件定位	●对总包移交的基准点、线进行复测 另：如为总包移交的预埋件，则还应办理预埋件测量数据移交复核手续	√	测量员
			●建立自身控制网体系和测量基准点、线、面	√	
			●进行埋设位置的定位测量	√	
		预埋件埋设	●核对埋件型号、位置是否与图纸一致	×	质量员
			●检查预埋件固定方式的可靠性，与图纸是否一致	√	
		预埋件复测	●埋设后对标高、轴线位置进行复测	√	测量员
2	盆式支座（包括V形柱和摇摆柱底）	支座安装	●对预埋件表面及周遭工况进行检查确认，然后进行安装	×	质量员
		支座焊接	●进行支座与预埋件的焊接连接，检查焊缝坡口及焊后焊缝外观质量、漆膜修复	√	质量员
		支座复测	●对安装完成的支座坐标、水平度进行复测	√	测量员
3	V形柱铸钢件	铸钢件安装	●对盆式支座表面及周遭工况进行检查确认，然后进行安装	×	质量员
		定位焊接	●对铸钢件安装角度尺寸进行检查后定位焊接，焊后吊车松钩	×	测量员 质量员
		★铸钢件焊接	●此处为铸钢件与盆式支座焊接，要求按照焊接工艺评定严格检查预热温度、道间温度，以及焊接过程和焊缝表面成型	√	质量员
			●漆膜修复		
		★铸钢件复测	●对安装完成的铸钢件进行标高、管口坐标等内容的复测	√	测量员
4	加强管安装	支撑测量	●在加强管安装前，对安放位置搁置点进行测量，确保就位后的坐标及角度精准	×	测量员
		加强管安装	●对周遭工况进行检查确认，然后进行安装与胎架用角钢点焊固定	×	质量员
		★加强管复测	●对就位后的加强管各管口定位坐标进行复测	√	测量员

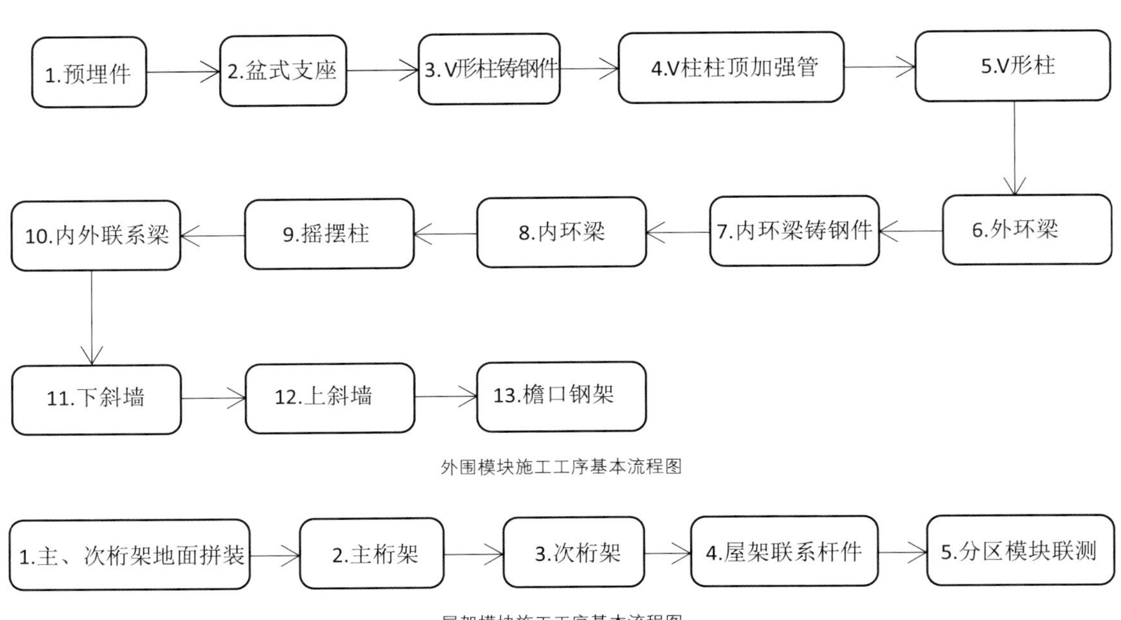

图4　模块工序基本流程图

前文提到，模块划分和工序识别是质量控制的主要手段，而模块划分和工序识别的产物，施工所需材料、设备、人工的确定，则可以用于进度和投资控制。工序识别的细致程度，足以确定模块内完成各道工序所需的工期，因此，从一个模块到整个工程，无论是流水施工还是区域施工，都可以对整个工程的工期有一个大致的预估；材料及构配件，设备，人工等信息的掌握，可以确定模块内的人工、材料、机械、措施等成本，进而对整个工程投资的分布有一个大致的预估。

因此，在某一个时间点上，工程实际的进度状况和投资使用状况，与通过模块化管理预估出的进度和投资状况进行对比，可以确定当前状态下工程的进度是否滞后，工程的投资是否超支，一旦发现有滞后或超支的趋势，监理会将此情况与建设单位、施工单位进行沟通，提前采取干预措施，保证工程的进度和投资在可控范围内。

（二）运用 BIM 技术进行辅助管理

工程进度和工程投资状况，是既形象又抽象的一个概念，形象在于工程实体和金钱都是实实在在存在，看得见摸得着的实物，而抽象则在于对监理而言，进行进度和投资控制时，无法将实体的东西，形象又具体地反映在书面中，因此，借助工具进行辅助管理，是必然的趋势。

BIM（Building Information Model，建筑信息模型）是一个建设项目物理和功能特性的数字表达，是一个共享的知识资源，能够分享建设项目的信息，为项目的全生命周期中的决策提供可靠的依据。BIM 技术的应用，已在质量控制中崭露头角，而进一步通过软件建模，将工程进度在模型中实时展现出来，完成实际和计划进度对比，同时提取模型中的数据信息，完成工程计量的确认，从而为工程投资的控制提供基础。

（三）应用实例

同样以苏体监理钢结构专业组所负责的体育馆为例，在钢结构 BIM 模型中，构件的数量和形态等信息都与深化设计图纸一一对应，苏体监理将不同状态的构件标记以不同的颜色，以周或月为单位，对计划施工区域进行标记（红色），同时根据实际情况，同样将现场材料供应（蓝色），构件安装（黄色），验收完成（绿色）反映在 BIM

模型之中，通过定期——通常是一周对比，确定工程进度情况，并利用BIM软件的统计功能，以颜色为筛选条件，统计出工程量并导出工程量统计表，及时配合业主统计出符合不同付款条件要求的工程量情况。

苏体监理不仅通过BIM模型完成对整体工程进度的掌握，并根据进度情况采取相应干预措施保证工程进度和投资可控，不同状态下BIM模型的对比，可得出更多有用的信息。如计划安装模型和构件进场模型的对比，可以了解到构件的厂内加工进度是否满足现场安装需求；构件安装模型及验收模型中已安装区域和已验收完成区域的对比，可以直观地看出施工单位的工序报验工作是否及时，资料是否齐备。

当工程进度发生滞后，综合对比各个BIM模型，可以分析出滞后的原因是构件生产跟不上需求，还是现场安装不及时；当工程投资与预估值产生偏差，综合对比各个BIM模型，可以分析出是现场进度问题还是工序报验不及时影响合格工程量的确认问题。

五、模块化管理在监理信息管理中的应用

模块化管理模式的应用，使得施工过程中产生的材料报验、工序报审资料质量良好，资料的有效性、逻辑准确性都有了很好的保障，模块划分和工序识别更是直截了当了确定了工序报验的数量和顺序，确保了资料不缺项漏项，以及时间逻辑顺序的准确性。

苏体监理针对体育馆钢结构的工程资料，制定了《工序报审一览表》（表2，表3），用以跟踪确定工序报验情况，组建了子分部工程的预立卷，确定了整个体育馆钢结构工程从开工到竣工会产生的资料需要用到的表式，并将其推广到工程中的其他专业，将不同专业间的通用性资料进行交叉对比和梳理，更广泛地保证了资料的完整性。

六、结语

通过上述讨论和实例展示，可以看出模块化管理在监理质量控制、进度控制、投资控制和信息

钢结构安装工序报审一览表（空表状态） 表2

工序 模块	检验批部位	埋件测量报审	盆式支座测量报审	构件地面拼装	构件焊接		防火涂料涂刷	面漆涂装	卸载前钢结构整体测量报审	探伤报告	
					主钢结构	次钢结构					
WW1	G-A-2/28~G-A-1/07 +12.00m~+42.00m										
WW2											
WW3											
WW4											
WW5											
WW6											
WW7											
WW8	G-A-1/07~G-A-1/14 +12.00m~+42.00m										
WW9											
WW10											
WW11											
WW12											
WW13											
WW14											
WW15	G-A-1/14~G-A-1/21 +12.00m~+42.00m										
WW16											
WW17											
WW18											
WW19											
WW20											
WW21											
WW22	G-A-1/21~G-A-2/28 +12.00m~+42.00m										
WW23											
WW24											
WW25											
WW26											
WW27											
WW28											

钢结构安装工序报审一览表（报审状态）

表3

工序 模块	检验批部位	埋件测量报审	盆式支座测量报审	构件安装	构件焊接		防火涂料涂刷	面漆涂装	卸载前钢结构整体测量报审	探伤报告	
WW1	G-A-2/28~G-A-1/07 +12.00m~+42.00m	B1.2-2-04-002 (2016.01.20)	B1.2-2-04-006 (2016.03.03)	B.1.45-2-04-020307－004 (2016.06.17)	B.145-02-04-020301-022	2016.07.08				E00121111602720	2016.06.15
WW2					B.145-02-04-020301-023	2016.07.10				E00121111603189	2016.07.14
WW3					B.145-02-04-020301-024	2016.07.12				E00121111602723	2016.06.15
WW4					B.145-02-04-020301-025	2016.07.15				E00121111601704	2016.04.23
WW5					B.145-02-04-020301-026	2016.07.19				E00121111602412	2016.05.19
WW6					B.145-02-04-020301-027	2016.07.21				E00121111602570	2016.06.13
WW7					B.145-02-04-020301-028	2016.07.26				E00121111602732	2016.06.15
WW8	G-A-1/07~G-A-1/14 +12.00m~+42.00m	B1.2-2-04-003 (2016.01.25)	B1.2-2-04-007 (2016.03.13)	B.1.45-2-04-020307－002 (2016.05.16)	B.145-02-04-020301-008	2016.05.23				E00121111602476	2016.06.07
WW9					B.145-02-04-020301-009	2016.05.25				E00121111602737	2016.06.15
WW10					B.145-02-04-020301-010	2016.05.26				E00121111603224	2016.07.05
WW11					B.145-02-04-020301-011	2016.05.27				E00121111602589	2016.06.16
WW12					B.145-02-04-020301-012	2016.05.30				E00121111602399	2016.05.16
WW13					B.145-02-04-020301-013	2016.06.01				E00121111602600	2016.06.16
WW14					B.145-02-04-020301-014	2016.06.04				E00121111603190	2016.07.14
WW15	G-A-1/14~G-A-1/21 +12.00m~+42.00m	B1.2-2-04-004 (2016.01.30)	B1.2-2-04-008 (2016.03.25)	B.1.45-2-04-020307－001 (2016.05.11)	B.145-02-04-020301-001	2016.05.14				E00121111602744	2016.06.15
WW16					B.145-02-04-020301-002	2016.05.17				E00121111603207	2016.07.14
WW17					B.145-02-04-020301-003	2016.05.21				E00121111602823	2016.06.18
WW18					B.145-02-04-020301-004	2016.05.23				E00121111602563	2016.06.13
WW19					B.145-02-04-020301-005	2016.05.26				E00121111602734	2016.06.15
WW20					B.145-02-04-020301-006	2016.05.27				E00121111602777	2016.06.18
WW21					B.145-02-04-020301-007	2016.05.29				E00121111602832	2016.06.18
WW22	G-A-1/21~G-A-2/28 +12.00m~+42.00m	B1.2-2-04-005 (2016.02.03)	B1.2-2-04-009 (2016.04.13)	B.1.45-2-04-020307－003 (2016.6.15)	B.145-02-04-020301-015	2016.06.20				E00121111602817	2016.06.18
WW23					B.145-02-04-020301-016	2016.06.23				E00121111602451	2016.06.06
WW24					B.145-02-04-020301-017	2016.06.25				E00121111602555	2016.06.01
WW25					B.145-02-04-020301-018	2016.06.28				E00121111602764	2016.06.18
WW26					B.145-02-04-020301-019	2016.06.30				E00121111602785	2016.06.15
WW27					B.145-02-04-020301-020	2016.07.01				E00121111602807	2016.06.18
WW28					B.145-02-04-020301-021	2016.07.05				E00121111602780	2016.06.15

管理工作当中，均有不俗的表现。模块划分基础上的工序识别，为模块质量控制提供了强有力的依据，达到了工序全面控制、重点清晰、职责明确、无死角无遗漏的效果；BIM技术的辅助，使得工程进度、投资控制言之有物，模块化管理的预估特点更是让监理在进度、投资的事前控制上占据了明显的优势；而工序报审一览表、预计卷等资料体系的建立，则为高质量的工程资料提供了有效实用的工具，总体而言，在监理工作中应用模块化管理，不仅方便专业人员对现场进行全方位管理，还可以帮助管理决策层及时直观了解工程情况，为施工决策提供有力支持。

模块化管理是当前监理行业发展的趋势，苏体监理更是通过实际行动证明，推行监理工作中模块化管理的思路，将极大地提高监理工作的效率，同时监理工作的成果也更容易展示出来，在具体的实施过程中，苏体监理发现仍有许多需要完善和深入挖掘的地方，如将模块化管理模式应用到“三管三控一协调”的其他方面；联合不同专业间的模块化管理，打破各自为战的现状，将模块化管理统筹到整个项目的监理工作当中；将模块化管理从施工阶段的事前管理推广到整个项目生命周期的其他阶段的监理工作当中等。后续的研究和讨论可以从这些方面入手，将模块化管理更好地完善，更大范围地推广，以期能为监理行业发展作出贡献。

参考文献：

[1] 吴慧慧．施工项目模块化管理探究[J]．网络财富．2009，20：34—36．

[2] 牛博生．BIM技术在工程项目进度管理中的应用研究[D]．重庆：重庆大学建设管理与房地产学院，2012：1—81．

[3] 蔡银春．工程监理中“三控三管一协调”的分析探讨[J]．科技传播，2010，18：55．

用互联网思维的方法改造监理工作

广东海外建设监理有限公司　曹昌顺

互联网思维，就是在互联网、大数据、云计算等科技不断发展的背景下，对市场、对管理、对用户、对产品、对企业价值链乃至对整个商业生态进行重新审视的思考方式。我们现在处于互联网时代，当然监理的工作方法也要跟上时代发展的变化。互联网时代的本质特征，其实就三个字："互、联、网"。

"互"即"互动"。首先是人与信息的互动。以新浪、搜狐为例的门户网站，让人们更方便地获得信息；而以百度、谷歌等为代表的搜索引擎，则让人们更精准地获得信息。其次是人与人的互动。以QQ、微信为代表的即时通讯，让人们的交流变得更加方便；而以微博、博客等为代表的社交网络，则让人们的交流沟通变得随时随地。当然，这也改变了学习方式，学会使用百度、谷歌等搜索工具是一种重要的技能。

"联"即"联结"。最早的互联网，以桌上的个人电脑为主要媒介，通过有线网络进行联结，这叫有线互联网。如今发展到现在，已经以手上的智能手机为主要媒介，通过无线网络进行联结，这叫移动互联网。就像今天到处是各种各样的电器一样，相信未来遍布我们周围的将是各种各样的网器。以它们为媒介，人们通过极其发达的无线网络进行联结，这叫无线互联网。互联网经过了从无到有，必然要回到从有到无的过程，未来的人们离不开互联网，它会无处不在，就像空气一样存在于我们周围。

"网"即"网络"。在电力革命早期，人们如果想要用电，得自备发电机或自建发电站。发展到后来才有集中的电厂，通过电网将电力传输到千家万户。今天的"信息"，就像以前的"电力"，我们需要用电脑硬盘或者自备服务器，来存储"信息"。但发展到后来，必将诞生集中的"信息中心"，这些信息存储在"云端"，通过网络传输，而被人们自由使用，这就叫"云计算"。

遍布的"网络"结合强大的"云端"，人们就可以更容易掌握充分的信息，并根据实际需要进行分析。这叫"大数据"。

人和"网络"，基于"云计算"和"大数据"，就构成了一个巨大的网络。综上，互联网时代的本质就是：互动、联结、网络。互联网时代的前进方向，就是将全社会变成一个任意互动、无限联结的网络世界。在这个网络世界里，人类构成了共同体。同样的道理，工程共同体的各参建方也需要通过互联网思维共同合作，形成互补，产生合力。

而互联网思维，也可以说，就是符合互联网时代本质的思维方式。互动的根本是民主；联结的根本是开放；网络的根本是平等。

第一，互动的根本是民主。单向的"交流"，是一方对另一方的强制命令或者灌输；而互动是双向的，是你来我往，是有商有量。所以，互动的根本是民主。具体针对监理企业来说，两方是指两大群体：业主群体、员工群体。过去，监理工作内容主要是监理企业说了算；现在，业主也能提出建议。过去，主要是公司领导说了算；现在，员工也能参与决策。让业主、员工、企业领导共同参与到监理工作内容决策中，是对整个监理企业运作思维的彻底颠覆。

第二，联接的根本是开放。什么叫封闭？封闭就是限制甚至阻断和外部的联接。相对应的，如果去加强和外部的联接，那就是开放。所以，联接的根本是开放。什么叫开放？开放就是无边界。外部的资源可以顺畅地进来，内部的资源可以顺畅地出去。在过去，如果你是监理行业中的第二名、第三名，可能也有机会活得很滋润的。但在一个信息充分的用户主权时代，如果你提供的产品或服务是第二名，可能就意味着你将丧失生存的资格。过去买书，有的人选择当当，有的人选择卓越亚马逊，也有的人选择京东商城。但按照网络购物的发展趋势，顾客会不断集中到某一个网站，如果不做颠覆性变革，其他网站将可能越来越没有生存的空间。

第三，网络的根本是平等。什么叫等级？就是像金字塔那样，将人划分成一个一个的层级，下级从属上级，上级指挥下级。上级是下级的中心，而真正唯一的中心，是金字塔的塔顶。而网络是没有层级之分的，虽然网络上的节点有大小的不同，但是每一个节点，都可以是一个中心。也就是说，每个人都可以是中心。所以，网络的根本是平等。什么叫平等？平等就是没有等级之分、没有主仆之别，大家相互尊重、相互依赖、相互制约，谁也离不开谁，也就是说世界上的人们存在有机联系的关系。当然监理企业和业主在政治上是平等的关系，经济上是合同关系。互联网时代的业主，将不仅仅是监理服务产品的购买者和消费者，他们还会参与到监理服务的整个流程当中来，融合到监理服务的全过程中。因此，监理人要强化互联网思维，把业主的要求通过互联网技术转化为实际行动。

我个人所理解的监理工作互联网思维体系主要是以下九个思维。

（一）业主思维。

互联网思维，第一个最重要的就是业主或者说用户思维。业主思维，是指在监理服务过程中的各个环节中都要“以用户或业主为中心”去考虑问题。把为业主服务的态度转化到监理工作的全过程中去。

作为监理企业，必须从整个价值链的各个环节，建立起“以用户或业主为中心”的企业文化，只有深度理解业主的需求和期望，监理企业才能生存。没有认同，就没有监理合同的签订，尤其是对需要业主直接委托的工程。

当然，这就要求做到三方面：

（1）监理只有得到业主支持，才可能顺利完成监理任务。

一般来说，成功的监理服务都是抓住了业主或用户的需求。当监理的服务或产品不能让用户或业主满意，不能和他们很好地合作，监理的服务必然是失败的。就像QQ、百度、淘宝、微信，无一不是携“用户”以成“霸业”一样的道理。

（2）让业主有参与感。

主要有两种情况：一种情况是按需定制，监理为业主直接提供满足个性化需求的服务即可，就像海尔的定制化冰箱；另一种情况是在业主的参与过程中去优化监理服务，如编制好的监理规划，在实施之前，需要听取业主的意见，把业主的建议和要求贯穿到监理规划中去，这样去为业主服务，自然就会提高业主的满意度。

监理只要投入感情去工作，即使提供了有缺陷的产品或服务也容易被业主接受。因为他的出发点是好的，动机是纯洁的。只不过是由于某种客观条件的原因，没有做得更好，相信只要吸取经验教训，就能够不断获得成功。

（3）要关注细节。

好的监理服务应该从细节开始，并贯穿于每一个具体工作的细节。能够让业主有所感知，并且这种感知要超出用户预期，给业主带来惊喜，能够创造更多的价值。所谓细节决定成败说的就是这个道理。

（二）简洁思维。

简洁思维就是监理提供的服务或产品足够简单明了，抓住了问题的中心。简洁的服务，但不简单。大道至简，虽然监理过程中工作看起来复杂，但主要的核心工作还是“三控二管一协调”及安全生产管理的监理工作。

互联网时代，用户或业主的耐心越来越不足，所以，必须在短时间内抓住它，要在工程管理上真正发挥监理的作用。复杂问题简单化，这样就能够达到较高的处理问题的效率。

更重要的是还要做到专注监理工作。监理的工作一定要专注，给业主一个尊重你的理由，一个就足够。

大道至简，越简单的东西越容易疏忽，越难做。只有专注才有力量，才能做到极致。尤其是在监理市场竞争越来越激烈的背景下，如果监理做不到专注，不能提供精细化的管理，企业就没有生存下去的可能。

（三）极致思维。

极致思维，就是把产品、服务和业主的期望做到极致，超越业主预期。什么叫极致？极致就是把命都搭上，为了做好服务奋不顾身去努力，想尽一切办法集中精力贯注到工作中去，从而取得实效。

监理人需要打造让用户或者业主尖叫的服务产品。

用极限思维打造极致的监理产品。监理工作自始至终都要抓住主要矛盾、重点。方法论有四点：第一是抓得准。（痛点、痒点或兴奋点）主要矛盾并不是个人凭主观愿望任意决定的，也不是哪一级领导凭自己的权利随便“任命”的。它是客观存在，是事物相互联系、相互制约规律的反映。第二是抓得狠（做到自己能力的极限）。对于看准了的主要矛盾，一定要集中人力、物力，狠得下心，不惜代价地拿下。对重点工作集中绝对优势力量，充分利用时间、空间，确保目标的实现。第三是顾得全。主要矛盾之所以是主要矛盾，是因为它决定着全局，带动着其他。当然，抓主要矛盾并不是说其他矛盾就可以不抓，就自然而然地解决了。第四是跟得上。主要矛盾是在一定的条件下形成的，也会在一定的条件下转移。监理工作中今天它是重点，大家都保它；明天它不是重点了，大家就要去保新生成的重点。原来是重点的，要跟上这个变化，主动去当配角，去保别人。所谓重点也要因情况和条件的变化而转移。

（四）迭代思维。

监理人员刚接触一个新的工程项目，难免会出现一些错误，因此，要注意及时纠正失误，积极积累经验，从失败中学习。

监理工作是一种以人为核心、迭代、循序渐进的服务过程，允许有所不足，不断试错，在持续迭代中完善自己的服务。

首先从小事细事做起，进行持续创新。

要从细微的业主需求入手，贴近业主，贴近实际工程，在业主参与和反馈中逐步改进提高。“可能你觉得是一个不起眼的点，但是业主可能觉得很重要”。比如说，360 安全卫士当年只是一个安全防护产品，后来也成了新兴的互联网巨头。

其次，要善于精细化管理，能够快速迭代。

“天下武功，唯快不破”，只有快速地对业主需求做出反应，服务才更容易贴近业主。这里的迭代思维，对监理人员而言，更侧重在迭代的意识，意味着监理人员必须要及时乃至实时关注业主的需求，把握业主需求的变化。适应变化，适应新常态，迅速反应，务求实效，为实际服务。

（五）流量思维。

所谓流量思维，就是指从事物流变的过程中所积累的量的角度去看待问题的一种思维。流量意味着体量，体量意味着分量。“目光聚集之处，金钱必将追随”，流量即金钱，流量即入口。具体到监理项目来说，要打开某一区域的监理市场，可以找一个突破口切入，即使不挣钱的项目甚至是亏钱的项目也要适当承接。以便打开监理市场大门，去吸收流量。

一方面，监理可以根据需要，提供免费服务。

免费服务是一种境界，免费同时也是最昂贵的，当然不是所有的监理企业都能选择免费策略，这需要根据业主要求、资源条件、时机而定。比如在监理合同范围外的项目，如果业主需要监理管理时，在条件许可的前提下，监理可以提供智能服务，给业主留下好的印象。

另一方面，从量变达到质变。

任何一个监理项目的服务，只要监理的价值达到一定程度，就会开始产生质变，从而为业主创造更多的价值。比如，腾讯若没有当年的坚持，也不可能有今天的企业帝国。注意力经济时代，先把流量做上去，才有机会思考后面的问题，否则连生存的机会都没有。先接触更多的业主，使其成为朋友，到时候合作才有更多的机会。

（六）社会化网络思维。

所谓社会化网络思维就是用网络的方式解决问题的思维。社会化商业的核心是网，监理公司面对的客户也是以网的形式存在，这将改变企业服务、经营、管理等各个环节。

监理人需要利用好网络软件，运用网络思维解决问题。

监理项目部可以运用微信群、QQ群等方式强化监理工作的沟通方式。其中有一点要记住，监理的工作不是自说自话，一定是站在业主的角度，以业主的方式和业主进行沟通交流。

学会运用网络解决实际工程问题。像工程监理项目管理软件以项目为核心，实现从项目策划、项目合同、监理过程管控到项目竣工归档的主流程管理，可以保证项目建设实施的高效性。它是企业信息化的理性选择。

监理人应学会应用BIM技术，监理工作方法有巡视、平行检验等。需要将完整的记录文件或附有相关的图片等资料及时整理上传至BIM模型中进行信息发布。这样能够有效提高监理工作的效率，加强各参建方的沟通、协调能力，从而更好地完成监理任务。

BIM技术对监理各项工作内容产生较大的影响。例如：在审查施工方案过程中，需要提取施工单位经深化设计后的施工模型，关键节点的施工方案模拟，同时对施工方案的可操作性和合理性进行评审，最后增加监理质量控制的关键节点信息；在检验批、分项工程以及隐蔽工程验收中，提取检验批、分项工程以及隐蔽工程信息，并加入验收结论、实测信息等；在工程变更的处理中，提取原设计模型、施工模型信息，加入变更内容，或督促相关单位加入变更内容，利用模型计算工程量的增减及对工期和费用的影响；在竣工验收过程中，提取竣工模型，对竣工模型真实性进行审查和模型移交并加入竣工验收结论等。

（七）大数据思维。

大数据思维，是指对大数据的认识和理解。

即使是小监理企业也要有大数据。

监理企业利用在网络上一般会产生信息、行为、关系三个层面的数据，这些数据的沉淀，有助于企业进行预测和决策。一切皆可被数据化，企业必须构建自己的大数据平台，小监理企业也要有大数据。

监理企业需要有信息化整体的解决方案，比如“监理通”就是建设监理企业综合业务管理信息系统，针对国内工程咨询企业信息化的整体解决方案。以“易用性”“实用性”“行业性”“整体性”的产品设计理念为导向，基于先进的技术框架，融合了现代企业管理体系和众多优秀监理企业的信息化成果和管理智慧。

（八）平台思维。

互联网的平台思维就是共享、共赢、开放的思维。

一要打造各参建方协同的生态圈。

平台模式的精髓，在于打造一个多主体共赢互利的生态圈。

将来的监理企业之争，一定是生态圈之间的竞争。比如说百度、阿里、腾讯这三大互联网巨头围绕搜索、电商、社交各自构筑了强大的产业生态。

二要让工程项目成为员工发挥才智的平台。

工程项目部是监理人员的用武之地，监理工程师要实现自我价值，需要通过实现工程项目的目标来达成。要把监理部建成创新型的组织。

比如，像互联网巨头的组织变革，都是围绕着如何打造内部“平台型组织”。内部平台化就是要变成自组织而不是他组织。他组织永远听命于别人，自组织是自己来创新。

（九）跨界或者说跨越思维。

所谓跨界思维，就是大世界大眼光，多角度，多视野地看待问题和提出解决方案的一种思维方式。它不仅代表着一种综合能力，更代表着一种创新型的思维特质。

监理人员要学会发挥自身的网络优势、技术优势、管理优势等，去提升、改造现场管理方式，改变原有的落后的管理模式、建立起新的游戏规则，从而不断提升自身的竞争力。

监理人员应学会融合各参建方协同作战。之所以要协同各参建方相互合作，是因为工程的顺利完成需要工程共同体的人员一起努力才能够实现。作为专业监理工程师，尤其是总监更需要有良好的综合素质。只有这样才能协调好各方的关系，处理好各种矛盾和问题。

监理人应该学会用互联网思维改造工作，因为它符合监理工作客观发展的需要，现在的监理工作要求越来越标准化、规范化。只有学会了互联网思维，并能够正确运用它的人，才能胜任未来的监理工作或工程管理工作。所谓互联网时代应该有个与其对应的思维。

当前，随着装配式建筑及这种新的建造方式发展起来，海绵城市新概念的提出，工程管理者应该适应新的监理工作方式，用互联网思维改造旧有的方式，使主观思想符合客观实际，从而在工程管理中取得成功。

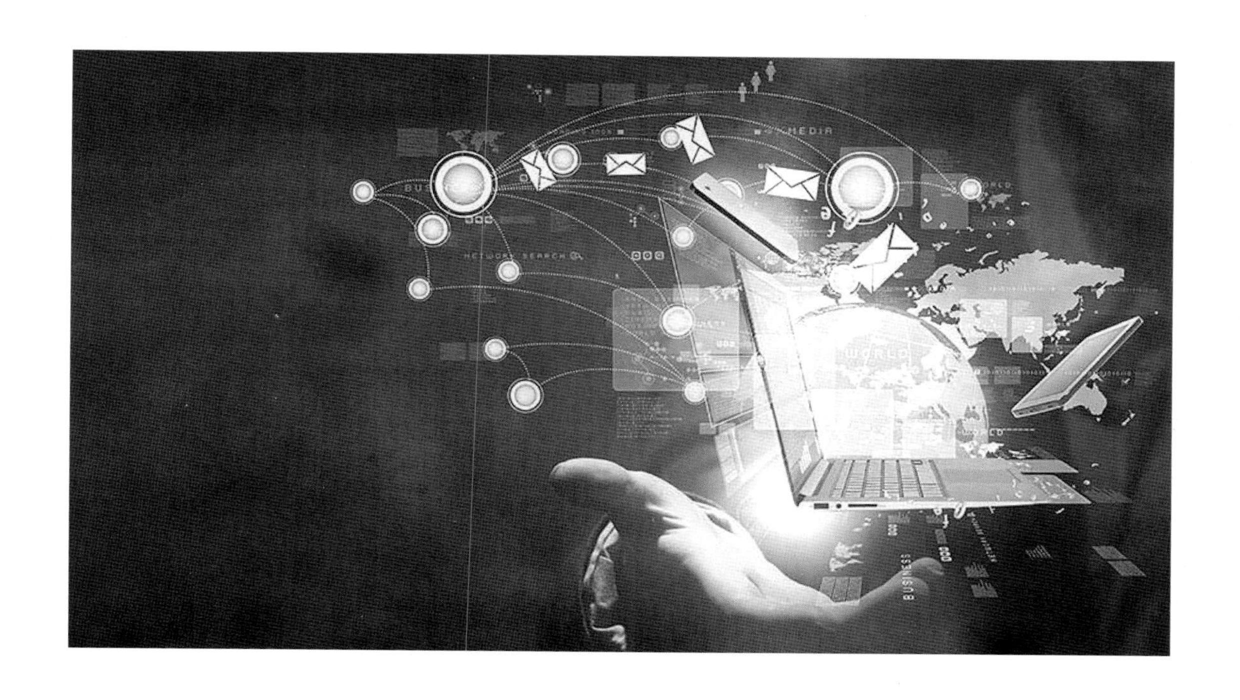

工程建设项目职业化管理的优势

寰球工程项目管理（北京）有限公司　刘原

摘　要：工程建设实行项目管理公司的职业化管理可以充分发挥其专业优势、管理优势、人员优势、经验优势，为业主提供全面、综合、完整的技术服务，能够协助业主实施从项目初步设计阶段开始到项目投用的全过程管理与监督，可实现项目的快速启动、高效建设、专业管理、全程检验等，最终向业主交付质量高、进度快、投资省、环保好的工程建设项目。

关键词：工程建设项目　管理　职业化　优势

工程建设项目的职业化管理就是依靠项目管理公司团队的综合专业能力为业主提供从项目初步设计开始的技术服务和项目建设全周期的工程管理和现场质量监督，是建设项目监理工作的向上游拓展、延伸和管理扩充，能够向业主提供工程建设管理的“交钥匙”技术服务，从而保证建设工程的优质交付。工程建设项目的职业化管理还能让业主的建设指挥部或项目筹备处等临时性的机构更精简，为业主解决项目建设初期人员组建难，建设过程人员配制难，建设完成后人员安置难等问题，帮助业主克服社会化招聘用工来源不统一，对施工标准的掌握不一致，施工经验不平衡，对施工重点控制力不够，工作积极性和主动性不强，不能形成团队合力等不利因素，工程建设项目职业化管理能够发挥其多方面的突出的工作优势。

一、项目职业化管理的组织优势

（一）团队组建速度快

项目管理公司长期从事项目建设管理工作，对项目工作流程和工作内容熟悉，有充足的专业技术人员储备和可以委派的高级项目经理，能够迅速组建起项目管理团队，按照专业需求为项目配置技术人员，在短时间内可以有效地开展工作，制定出明确建设方针，理清工作任务，划分出主要阶段里程碑目标，规划项目建设方案，为业主提供全面的项目执行策划，做好质量、进度、投资、安全、环保等全方位的项目建设管控分解，协助业主制定项目建设合同策略，按照公平、公正原则保证各参与方的利益平衡，达到齐心协力干好项目的多赢联合，最大限度服务好业主的工作要求，以高水平、高质量的技术服务实现业主的建设目标，以最节约的投资完成项目建设意图。

（二）拥有完备的项目管理体系文件

项目管理公司拥有成熟、完备的整套的项目管理程序文件和细致、深化的现场质量验收作业文件，是集成了多年、多类型、多种管理模式的施工项目管理经验，在不断修订、补充、更新基础上编制而成。管理内容深化、专业涵盖全面、现场可操作性强、质量验收清晰、检验方法规范、合格标准统一，是无形的完全自主拥有的知识财富，既可以有效实现对建设项目的宏观控制管理，又可以实行对项目的日常监理检验工作需要，文件的适应性完整。

（三）有丰富的积累作为新项目借鉴的基础

项目管理公司从事过很多国内、国外建设项目，从事过不同类型、不同规模、不同建设形式、不同投资主体的项目管理，积累了丰富的项目管理一手资料，整理归纳了所有项目管理经验总结，提炼出了项目建设的各种分类数据，形成了企业内部一系列经验公式，能够快速为新项目建设进行所需要的数据筛选和估算参考，为项目决策提供相对准确的依据基础。

（四）具备项目整个阶段的管理策划与项目实施能力

项目管理公司的工作组织机构和部门设置完全是围绕项目建设需求划分，人才队伍充足、专业配备齐全、职业持证率高，每位工程师同时都具有非常强的专业技术能力和项目管理水平，团队具备从初步设计开始到装置联动试车的全过程项目管理能力，能全面审查、掌控设计的安全性、功能性、操作性、经济性、环保性等主要技术和经济指标，统一全厂技术规定要求，协调总体设计院与详细设计院的工作衔接；统筹考虑和设计临建设施以及全厂性公用设施的布置规划；根据气象、地质等条件制定合理的建设工期和建设路线；清晰划分施工工作界面；进行项目建设的具体日常 HSE 监督和工程质量验收、检验、监理工作，按照项目策划方案完成工程交付。

（五）可实现标准化管理

项目管理公司执行统一的工作程序和工作模式，有严格的内控标准，按照规范的工作步骤管理项目建设，公司和项目部对员工进行定期两级技术培训、管理培训和经验分享，实行标准化项目管理，对项目各个阶段和各个施工工序进行分解，统一工作标准、验收步骤、检验程序、验收内容、验收数据、文档使用，形成标准化的专业管理内容，有利于项目工作协调和工作接续顺畅。

（六）可实现软件辅助项目管理

项目管理公司有成熟的施工管理综合软件和多种专业单机应用软件，可以满足项目的不同使用需求，大幅度提高项目所需要各种数据的检索和自动分析，可以生成项目赢得值对比图和准确数字，为项目增加或改进施工措施提供参考；输出设备采购节点控制状态，为项目施工提供准确信息，便于现场施工安排；显示合同执行的偏差情况，提前采取必要的干预和沟通，避免发生合同索赔；汇总进度计划执行数据，给出分析报告和预警，保证施工动态平衡，不影响关键线路工作节点完成；进行质量合格统计和信息对比，对异常情况可以进行数据跟踪和数据追溯；自动对 HSE 违章频次分析，及时消除苗头隐患，定时对气候、气象条件等给出专项安全管理培训提示，对项目 HSE 管理全面覆盖；对物资材料进行实际存量分析，平衡库存，减少浪费。这些辅助软件的应用，对项目各专业起到积极管理的促进作用，能早预防、提前采取措施、及时纠偏，保证项目各个方面都能切实按照计划实施。

二、项目职业化管理的人员优势

（一）可以实现专业人员优势配制

项目管理公司长期从事项目管理工作，在公司内部形成了各领域的专家，有一大批稳定的中坚学术带头人。项目管理公司对员工有长期的项目锻炼计划和内部培训制度，以传、帮、带的方式实现人员技能共同进步，以认师学艺的方式快速提升年轻员工的专业水平和管理能力，迅速融入项目管理团队，提供员工发展空间和发展渠道，人员队伍稳定，老、中、青工作结合紧密，专业配制完善，并有意保持人才的后备储备和全能培养，可以根据项目进展或项目建设时期，动态调整人员结构，始终保证在项目建设的各个阶段都具备专业优势，有利于项目质量控制与管理体系的良好运行，有效控制现场施工状况。

（二）人员具备丰富的施工管理综合能力

项目管理公司的人员都经历过多个项目建设的工作，熟知项目管理程序，了解项目管理重点、难点，有丰富和成熟的应对经验，对项目管理有前瞻性的规划，侧重事前预控，做好事中监控，有效减少事后补救的被动控制，提升项目施工质量。

对施工组织设计、施工作业面部署、大型特种施工机具配制、施工人员数量配备等，可以进行类比估算，结合进度计划的实际执行情况督促进行有效调整。

施工验收标准掌握深入，能够全面平衡专业验收与管理要求的融合，了解掌握单项允差与组配公差之间的控制界限，能综合分析累计误差的趋向，提前采取必要措施，抵偿不利情况发生。

（三）工作关系清晰

项目实行团队管理，公司制度统一，员工步调一致，有干劲和凝聚力，争先意识强烈，工作目标明确，分工清晰，合作紧密，沟通顺畅，在团队内部可以实现专业间的无缝对接，对项目管理不留死角。人员长期合作，磨合时间段，可以迅速进入工作状态，专业工程师在同一平台、统一的程序文件指导下执行项目管理，以团队的力量服务于业主，工作的执行力强、对项目指标的管控能力强。

（四）能发挥团队工作优势

项目管理公司派驻项目的管理人员按照梯次搭配，形成理论水平高、施工经验足、外语水平强、软件使用熟、档案管理细的优势互补工作力量，充分发挥团队的整体实力为业主服好务，也有利于管理团队的整体技术能力稳定提高，促进项目管理水平不断进步，保证项目管理始终具有明显的优势地位。

（五）公司具备专家支持能力

项目管理公司各专业有内部技术专家做后盾进行项目技术支持，多位技术专家都是本行业及专业协会的领军人物，有很高的专业权威和工作威望，对项目在各个工作时期都可以提供指导、提出建设性的意见，公司还能够定期组织专家对承担的管理项目进行内部业务审查，提出高标准的意见要求，促进项目管理持续提高，始终保持项目管理在高水平状态运转。

三、项目职业化管理的工作优势

（一）能够有效控制施工质量

长期从事施工管理的专业技术人员不仅对标准掌握熟悉，而且对施工管理经验丰富，能够很好地对施工工序进行质量分级检验和验收，对重点部位全程监督见证到位，对非重点部位能进行有效巡查监管，全面控制施工全部质量状况，不留管理盲区。对每项验收控制点既不教条照搬标准条条框框而制约施工，也不脱离规范随意放松要求，在管理上有灵活性，在验收上有严肃性，真正做到监督有序，确认有据。

（二）提前预控质量风险

现场施工的低、老、坏问题，一直是施工操作人员的主观惰性和偷懒习惯造成的，如果再遇到赶工期的情况，这类问题会更加突出，这些问题是长期对项目施工形成质量隐患且难以完全克服或杜绝的现象，项目管理公司长期与各个施工单位直接打交道，积累和总结了各专业、各工序的质量通病，并制定出详细的应对措施和控制、检验方法，在实践中还不断对新的问题进行归类分析，提前进行质量预防干预，以勤说、勤查、勤验的方式减少人为因素造成的低、老、坏情况发生，有效管控质量风险。

（三）统筹协调施工资源需求

项目管理公司具备全厂平面管理能力，熟悉项目施工步骤，对施工各环节对资源的要求比较清楚，调度和协调各施工单位按照施工计划和资源需求计划执行，对施工用水、用电进行平衡分配，需要集中和大量用水、电情况进行统筹协调和错峰施工调度安排；对大件吊装场地占用和道路占用等情况进行限时管理，制定相应预案严格控制；掌握全厂公用工程配套施工，打通全流程，为装置开展全面施工提供保证。

（四）积极把控进度

项目管理公司对施工有综合的测量评价体系，能够对投入的施工机具、人员工种等进行合理评估，提前测算施工进度，预置风险防范措施和能采取的必要手段，牢牢控制关键路线，杜绝聚小成大形成实际问题而不得不推迟工期，兼顾非关键线路上的工作安排，防止忽视非关键线路工作滞后影响关键线路的实现，造成整体计划不能按期完成。落实专业中间交接，不留遗留问题，实现里程碑计划的意义。

（五）能明确落实项目设计要求

由于项目管理公司可以从初设阶段进行项目策划、对设计进行管理，所以对设计意图理解深入、透彻，把握全面，对设计的特殊要求与统一规定贯彻落实顺畅，沟通迅速，技术交底细致，可以对施工过程的主控项和必检项进行重点检查和验收，起到有的放矢的管理能力，全面实现设计意图。

（六）信息融合推进精细管理

项目管理公司实行团队管理模式，各专业的工作按照分工不分家的模式执行，倡导岗位负责，区域共管，信息互通，经验共享。对现场施工实行齐抓共管，对现场情况发现快、掌握全、交互迅速、交流方便、反映清晰、解决顺畅、反馈及时，能多方位预防和解决现场问题，对现场施工起到精细化管理，推进排料图设计，提高材料利用率，减少施工余量浪费；强化方案审查、严控过程监督、严格现场验收，保证质量检验一次合格率和优良率的管理，减少施工返工；避免重复施工，有效减少工序交叉影响，提高施工效率；落实HSE一岗双责的全员、全程管理，杜绝任何事故苗头的出现。

（七）控制项目建设大局

项目管理公司对项目建设能够掌控大局，在主体平等原则的基础上，最大限度维护和保证业主的利益不受损害，以合同为主线，督促各方认真履行，按照国际、国内工程建设惯例协调合同分歧，减少不当理解，避免向业主进行合同索赔。

项目管理公司建立比较全面的供应商名单和评价体系，对供应商实行动态管理，汇总多项目对供应商的评价反馈，打分评级，进行名单更新，可以给业主提供有力的参考，对黑名单企业有比较详细和可靠的事实依据，避免不合格厂商进入项目。

四、项目职业化管理的合同优势

（一）项目管理的服务合同灵活

项目管理公司与业主的技术服务合同可以是全周期管理，也可以是分阶段管理，还可以就某一项具体工作进行管理，或者进行IPMT人员融合用工管理，合同类型可以是开口合同，也可以形成有明确服务时间的闭口合同，合同形式比较灵活，工作切入点适应性强，这种多方式的合同模式可以满足业主建立的不同组织机构模式，适应业主工作要求。

（二）解决业主人员安置后顾之忧

项目管理公司与业主的合同关系是两个法人之间的关系，合同约定性强，执行简洁，职责明确，管理轻松，不容易产生合同纠纷。减少了业主社会用工合同数量庞大，每份合同要求存在一定差异，不好管理等问题，也避免业主对这部分人员有后续安置的后顾之忧。

项目的职业化管理对项目建设是非常有优势的，是以专业化的团体管理，为业主提供质量、进度、投资、HSE的全面把控，以优质的服务实现业主项目建设的预期目标。

监理人才队伍建设现状及其改进对策

山西新盛建设监理有限公司 李武玉

摘 要：2014年，建筑业启动了改革的大幕，监理企业面临严峻的市场形势，促使监理企业整体寻求转型促发展；2015年，国家发改委全面放开监理市场服务价格，更是加速了监理企业走向完全市场化道路的步伐；年底中央经济工作会议提出了国民经济和社会发展供给侧改革的战略性发展目标，中央城市工作会议的召开，2016年初“十三五”规划纲要的出台，为监理企业转型发展指明了方向。市场需求决定行业生存，市场形势给监理企业提出了更高的要求，但同时也给监理企业提供了发展的机遇。加强监理人才队伍的建设，成为监理企业转型发展的关键。只有通过政府、建设监理协会、监理企业三方群策群力，改变当前监理企业人才队伍面临的多种窘况，进一步提高服务的能力，监理企业才能立足市场潮头，转型中求得发展。

关键词：人才建设 窘况服务 改进对策 市场化 创新 转型发展

2014年，随着国家全面深化改革的加速，国家建设相关职能部委大力推动建筑业改革，各项改革都和监理企业的生存发展息息相关。先是年初国家出台政策，鼓励上海、广东、江苏等经济发达地区试点缩小强制监理范围；接着国家住房和城乡建设部出台了《关于推进建筑业发展和改革的若干意见》（建市[2014]92号），力推建筑业全面深化改革步伐，提出要“进一步完善工程监理制度”，深圳市领先全国率先提出取消强制监理制度的试点方案，给监理行业乃至全社会带来了巨大的冲击；接着，住房和城乡建设部又组织修订了《工程监理企业资质标准（征求意见稿）》，向全社会广泛征求改革意见；7月份，国家发改委下发发改价格[2014]1573号文，对工程监理服务收费作出调整，放开除政府投资项目及政府委托服务以外的建设项目，工程以外的工程监理服务收费标准，实行市场调节价，从8月1日起执行；当整个监理行业还处在调整适应期，7个月后，2015年2月，国家发改委又重磅发布发改价格[2015]299号文，取消监理收费政府指导价，全面放开工程监理服务收费标准，全部由市场调节，从2015年3月1日期执行。此举在全国工程监理行业引起巨大反响，监理整体行业弥漫着深深的危机感和焦虑情绪，为应对监理企业面临从吃政策饭到吃雇主饭，从吃政府饭到吃市场饭的窘况，中国建设监理协会发出号召：要求全体监理企业转型促发展，监理业务由施工阶段向两头延伸，推进工程监理与项目管理一体化服务，鼓励监理企业大的做优、做强，小的做专、做精、做特，有条件的监理企业与国际工程咨询企业合资合作，带动监理行业整体水平的提高。一切迫使监理企业在人才队伍建设上有所突破，否则无发展可言。企业的发展，离不开人才的支撑。加强监理人才队伍建设，成为促进监理企业转型发展的根本所在。

一、监理人才队伍的现状

（一）监理从业人员总量有限，注册监理人员严重不足，降低了监理的服务质量。

据权威部门的统计，到2015年底，监理全行业企业总数为7430多家，从业人员94.59万余人，与上年相比增长0.42%；其中工程监理从业人员为698805人，占年末从业总数的73.88%，注册监理工程师为14.93万人；工程监理合同额1255.56亿元，与上年相比减少1.85%，工程监理合同额占总业务量的44.11%。工程监理收入1001.92亿元，与上年相比增长3.98%，工程监理收入占总营业收入的40.48%。当年在监的项目不足30万个，一个企业可以平均到20个左右注册监理工程师，每个项目可以平均到3个左右的监理从业人员，一个注册监理工程师要管2个以上项目。但如果要算一下真正投入到工地现场的监理人员，能达到上述数量的一半就不错了。为什么呢？因为每个监理企业的决策层、管理层、后勤服务人员基本上是不派驻到工地一线的，还有很多注册监理工程师都是为了挂证挣钱，根本就到不了工地现场。

众所周知，建设项目有规模大小，技术复杂难易程度和功能不同的区别，但国家现行《建设工程监理规范》GB/T 50319-2013规定，项目总监一律由注册监理工程师才能担任，注册监理工程师又不分级，造成了监理人力资源配置的严重不均衡现象，不利于现场管理。注册监理工程师数量每年增长缓慢，难以在短期内解决注册人员严重不足的问题。我国的注册监理工程师本来就少，还有很多为挂证挣钱，根本不去工地现场，只好一个总监身兼多个工地，疲于奔命，影响了监理工作的正常运行。监理队伍这样的状况，怎么能够全身心为业主、为社会搞好服务呢？社会满意度低，“监理不到位，总监不在岗”这样的责难也不足为怪了。

（二）苛刻的执业资格考试报考条件，将大批有志于投身监理事业的人挡在了门外。

现行国家注册监理工程师的报考条件，是建设行业国家统一的执业资格考试中条件最为苛刻的，要求取得中级职称满三年才能报考，且与行业实际脱节，造成其资格考试的通过率极低，将大批有志于投身监理事业的人挡在了门外。近几年，报考国家注册监理工程师的人数在逐年下降，报考人数最多的2003年，达10万人之众，之后逐渐减少到5万人左右，每年的注册监理工程师平均增速不达10%，2013年更是下降到了7.7%，以后略有回升：2014年为7.98%，2015年为8.67%，这和我国“十二五”时期全社会固定资产投资规模平均增速在20%以上，极不相称。

（三）恶劣的生存环境，导致了监理人才大量流失。

现阶段的监理制度，将监理单位放在了建设单位和政府之间，既要受业主的委托，对工程实施三控、两管、一协调活动，又要承担社会法定安全管理职责。一仆二主，定位不清，责任重大，权力小，责权严重不对等，地位缺失；凡是与工程施工安全相关的事项，包括施工方管理制度和落实人员资格和配备、安全教育培训、施工方法和技术措施、工程机具设备质量和使用、安全文明施工、防火防盗、环保、扰民，甚至劳务分包合同的管理、农民工工资发放、宿舍管理、食物中毒、扬尘污染治理等，统统划入了监理的安全管理范围，工地现场安全管理，基本无所不包，无限放大的安全监理责任，让同仁们身心疲惫，整日提心吊胆，生怕哪一天安全追责追到自己的头上。这么重的责任，这么大的风险，使得很多优秀人才流失，年轻一些的大多流向施工单位，年龄大一些的多流向待遇高且无直接安全责任的建设单位。

（四）同行间的相互恶性竞争，造成监理企业的利润缩水，难以留住高端人才，影响了企业的发展壮大。

监理工作是一种高智能的专业技术服务型工作，监理事业的发展，离不开一大批有技术、会管理，熟悉合同，懂法律的一专多能复合型人才的支撑，由于监理行业入门门槛较低，进入此行业的企业日渐增多，监理的业务又要集中在施工阶段，直接导致监理市场的竞争加剧，监理市场的价格战普遍存在，同行间的相互恶性压价，造成了监理企业的利润缩水，整体行业经济效益下降。按2015年底统计，人均产值不足15万元，不足同期设计勘探单位的1/2，造价咨询单位的1/3，招投标代理机构的1/5，人均收益更低，导致企业留不住高精尖人才，人才流失现象严重。现有监理队伍人才老化，人才资源配置又不合理，监理人员的综合素质急需提高。新入行的年轻人普遍浮躁，沉不下身子来干此行当，造成监理人才后继乏力，企业创新发展困难。

（五）现行企业灵活的用人机制，使得人员流动频繁

现在的监理企业普遍实行聘任制，人员来去自由。人力资源的双向流动性，在为企业发展提供创新动力的同时，也给工程管理过程的连贯性、内部管理的严肃性造成了一定的影响。监理队伍稳定性差，每年监理单位人员流动率在20%左右，企业不需要上保险的绝大部分是退休人员。大中专毕业生引进难，引进后由于学不到东西或者自认为学得差不多而选择离开的占大多数。据分析，毕业生三年后能留在监理行业的不足三成，而考取一级建造师后选择离开的占90%多。引进人才很难，培养人才又需要时间，如何留人，成为每个监理企业面临的一大难题。

二、改进对策

（一）政府层面

1. 应首先从修订有关建设法规入手，改变我国现行的注册监理工程师报考条件，优化报考条件中的教育背景，专业实践和职称要求，以吸引更多人报考加入到监理行业。

2. 考核和考试并举，应当拟定全国的统一标准，由相应的考核、考试委员负责实施，选拔一批具有真才实学和实践经验，热爱工程建设监理事业的人才，纳入注册监理工程师行列。

3. 实施注册监理工程执业资格等级划分，参照借鉴国内注册建筑师，结构工程师和建造师，设想将其分为一级和二级注册监理工程师；改变总监的任职条件，根据工程的等级实行分级管理。

4. 从国家制度立法层面加以改进，尽快完善修改法律法规，探索政府购买监理服务之路，引入第三方社会监督力量，推动政府实施建设管理和质量安全监督方式的改革，改变监理现在“一仆二主”的尴尬局面。

5. 政府应尽快出台《建设工程监理条例》，对工程监理准确定位，明确监理范围及内容，规定监理的质量安全责任，明确各级政府的监管内容办法，具体规定监理的法律责任，统一认识，改变我国目前监理定位不准，职责不清，安全责任无限放大的尴尬局面，改变监理从业的行为方式，提升监理人员的地位和作用。 改善监理形象，使监理成为一个人人向往的职业，以吸引更多有识之士加入监理大军的行列。

6. 借鉴建设工程招投标，施工单位安全文明措施费等费用需单独列项，属不可竞争费用。安全监理的费用应设立专户，单独列支，全额分阶段、分期拨付，保障监理企业的基本权利。

7. 各级建设工程监理协会是跨地区、跨部门的社团组织，是政府的助手和企业的参谋，是联系政府和企业的桥梁和纽带，是全体监理企业的娘家人。政府应简政放权，依法将适合行业自律管理来实现的社会经济管理事务，交付行业协会管理，真正发挥监理协会行业管理的作用。

（二）建设监理协会方面

1. 协会要发挥行业专家委员会的作用，组织行业专家加强行业发展的研究，配合政府主管部门，完善我国的监理制度，推动行业自律发展；积极建言献策，改进监理工程师的考试和注册办法；

为避免全国注册监理工程师的继续教育走过场，流于形式，水准降低。争取将全国注册监理工程师的继续教育恢复统一由中国建设监理协会组织管理。争取将专业监理工程师和监理员的培训上岗，由各专业分会和各省级监理协会组织进行，便于各地统一管理考核。

2. 协会要积极引导监理企业加强内部管理，增强整体素质，适应改革发展环境；引导企业尽快适应建设项目组织实施方式的变化，根据委托人的需求，按合同约定，提供专业化服务，鼓励行业和企业制订服务标准。引导企业提供专业化、标准化、精细化服务能力和管理信息化水平，依靠自身优质服务获得市场份额和报酬；完善信用体系机制，良性循环发展。

3. 协会要充分利用行业组织的刊物和网络平台，做好监理行业声音的传递和表达，加大舆论宣传和曝光力度，树立典型，传递正能量；加强同社会相关部门的沟通和交流，加大监理行业的引导宣传，为监理企业提供服务、反映诉求、协调关系。

4. 由于当前监理取费市场已全面放开，为杜绝同行间恶意竞争，相互压价，建设监理协会应制定市场经济条件下的监理企业工程项目投入成本参考标准，引导监理企业遵循市场经济规律，诚信经营，规范服务，以促进监理企业提高经济效益，增加企业的利润，使之能拿出更多的经费，提高各级监理人员的工资、福利、待遇，避免各类人才的流失。

（三）监理企业自身

监理人才队伍的建设，是一个长期的、持续的、渐进的过程，加强监理人才队伍的建设，积极应对不断变化的建筑市场，成为关系到监理企业生存的新课题。随着监理行业转型发展的序幕拉开，如何做到“引得进、留得住、用得好、培成才”，是监理企业自身加强人才队伍建设的重要课题。人才兴企，让人才真正创新，发展，有方向，有舞台，促进监理事业的长足发展，成为监理全行业的共识。

1. 市场需求决定行业生存，监理企业要建立健全企业的管理制度，不断提高管理水平，积极应对市场化挑战，实施人才强企战略，建立自己的人才储备体系。

2014 年监理全行业面临的市场困境，促使监理企业整体寻求转型促发展；2015 年全面放开监理市场服务价格，更是加速了工程监理企业走向完全市场化的步伐；年底中央经济工作会议的召开，提出了国民经济和社会发展供给侧改革的战略性发展目标；紧随其后召开的中央城市工作会议，提出了要加强城市地上和地下基础设施建设，建设海绵城市，加快棚户区和危房改造，推进城市绿色发展，提高建筑标准和工程质量，高度重视做好建筑节能等各项工作要求；2016 年初“十三五”规划纲要的出台等，更是为监理企业转型发展指明了方向。谁跑在前面，谁就能抢占转型发展的先机，市场需求决定行业生存，“十三五”规划纲要实施期间，监理企业的服务对象，由原来主要为投资者、建设者服务，逐步转变为，为市场多方建设、投资、咨询等社会主体需求服务。同时，扩大、提高有效供给的政策落实将倒逼监理企业补短板，促进监理企业转型升级，逐步改造调整成为：为日益发展的市场多种需求提供多种形式，更多科技含量，操作更多价值的咨询服务企业。企业的转型发展，需要多方面的人才支撑，人才是企业快速化发展的

保证，也是提升综合竞争力的基础。监理企业应通过多种方式和优惠政策，创新人才吸引机制，实施人才强企战略，有计划，有目的地引进一批投、融资管理，方案设计、审查，经济评价管理，信息管理，法律事务管理等高智能的复合型人才，建立自己的人才储备体系，解决人才结构性短缺问题，积极应对市场化的挑战，提高企业服务质量与能力。

2. 创新人才开发战略，营造良好的用人机制，培养复合型人才。

建设监理工作是一项高智能的专业技术服务型的工作，它不仅对监理人员的知识结构的广度、深度有要求，而且对监理人员的业务素质和实践经验也有要求，其专业技能和综合素质直接影响着工程监理的服务质量。因此，创新人才开发战略，营造良好的用人机制，培养复合型人才就显得尤为重要。

（1）要高度重视监理人力资源开发与管理工作，优化人才结构，加强项目实施时人才创新能力的培养，改革和完善监理人才选拔机制，要在用人制度上创新，用人结构上调整，注重人才的全面发展。

（2）完善企业人才培养机制，形成学习的良好氛围；大力加强人才能力建设，着力提升整体素质，强化继续教育；要采取走出去战略，加强与国内外工程咨询企业交流与合作，学习借鉴国内外各类先进管理理念、方法和技术，不断提高工程监理人员的业务素质和执业能力；培养知识型、技能型、管理型的复合型员工，形成本企业的核心骨干队伍。

（3）人才是监理企业发展的重要因素，实施人才激励机制是关键环节，要探索岗位薪酬制度，建立以人才资本价值实现导向的分配激励机制，要完善人才奖励机制，调动人才积极性坚持精神奖励和物质奖励相结合，充分发挥其双重奖励作用。

3. 打造强有力的监理项目部，推进优秀团队建设。

建设监理的产品是服务，每个工程的项目监理部，就是这个服务的载体，项目监理部作为监理企业应对市场的最前沿，是监理企业具体实施监理业务，展示监理企业形象的窗口，组建结构合理的项目团队，打造强有力的监理项目部，推进优秀团队的建设，是监理企业培养、锻炼人才的重要一环，是加强监理人才队伍建设的重中之重，是促进监理企业转型发展的关键。

（1）选任配备优秀总监。

监理是一种专业化的服务活动，服务看似“平常”，搞好却很难。服务质量的好坏，主要在项目总监身上体现，项目总监的综合业务素质、组织、协调能力、职业道德，直接影响监理合同受监工程项目范围和监理质量。项目总监是项目监理部的领军人物，有些项目认人——“兵熊熊一个，将熊熊一窝”，总监行，下边干得就有劲。“火车跑得快，全靠车头带”，只有通过项目总监的作用发挥，实现对一线员工的影响，带动其他员工更好地实施项目监理，所以项目监理部选任配备优秀总监，是搞好监理服务工作，推进优秀团队建设的关键。

（2）调整人员结构，综合设置项目团队。

工程项目监理效果的好坏，与项目监理部人员结构的构成有着密切的关系，一个优秀团队，光有一个优秀总监是不够的，“红花还需绿叶扶”，必须根据工程建设规模，工程特点和复杂难易程度以及工程所处的工作环境，综合考虑设置项目监理部的班子。在项目实施过程中，注重适当的人员搭配，除专业结构合理外，还要注意年龄结构，性别结构，技术层次等各方面的搭配，从而减少内耗，提高项目部的工作效率，造就一支权威的、有较强竞争力的团队

（3）加强职业道德思想建设

建设监理从业人员，由于在工程参建各方中所处的地位不同，尤其是手中掌握着工程计量签证权的一些人员，很容易成为利益方拉拢、腐蚀的对象，意志不坚定者，很容易中套。俗话说“吃人嘴软，拿人手短”，稍微抬抬手，业主方甚至国家的利益就会受损，建设工程质量就难以保证。吃、拿、卡，要是充斥在监理队伍中的丑恶现象，少数人自身的堕落，将监理守法、诚信、公平、科学的形象大打折扣，影响着监理业务的具体实施，尤其在我国大力推行参建各方的质量终身负责制的重要时期，项目监理部应下大力气加强职业道德思想建设，建立严格的纪律，制定完善的规章制度，做到防微杜渐，不做违法乱纪之事。

（4）注重监理业务素质培养

如前所述，监理工作是一种高智能的专业技术服务型工作，它需要高素质的复合型人才来完成，每个监理人员，除自己的业务专长、工作经验外，还需要多方面的管理、法律等知识，并要具备一定的组织、应变、协调能力，才能周旋于业主、施工方、政府业务主管部门之间，游刃有余。监理人员的业务水平，决定了工程监理的服务质量，直接影响监理行业的发展。

现在的工程，不是功能齐全的综合大楼，就是数量众多、规模宏大的住宅小区，动辄有十多家队伍参与。工程的复杂难易程度高，技术含量高，对现场监理人员的要求就高，当今社会“四新”技术的日新月异，不学习，就会落伍，就会搞不好服务。这就要求监理人员，平时加强基础业务知识积累，闲暇之余要积极参加监理协会和监理企业等组织的各种培训，提高自身的业务水平，积累经验，提高自身的管理水平和组织协调能力，搞好监理服务。

作为监理企业，要定出自己的培训方式、培训计划，多渠道、多层次、多形式创造条件，着重培养复合型人才，搞好人才团队建设，打造一支高水平的优秀团队。

三、结束语

中国工程监理大师束拉曾经说过的一句话：“中国监理行业衣食无忧的盛宴时代已经结束，市场化就在不远处，清晰可见，工程咨询业市场化大门，正向我们徐徐敞开，但我们的素质还远远没有达到市场化的需求。”发人深省。2016是我国“十三五”规划纲要全面实施的开局之年：全国性的地上和地下大规模基础设施建设，新型城镇化，京津冀协同发展，长江经济带建设等战略的实施，催生了大量的投资机会；一带一路、亚投行、自贸区建设等为企业拓展国际业务带来了机遇；生态文明建设成为国家战略重点，城市地下综合管廊建设，海绵城市建设，城市黑臭水体整治等环境污染治理，可再生能源、绿色建材的应用，节能环保等，为我们提供了更大的市场拓展区域；互联网+、云计算、大数据、BIM技术等为我们展现出广阔的创新发展空间；建筑工业化：装配式建筑、钢结构建筑、木结构建筑；绿色建筑等新技术、新工艺不断涌现，工程建设管理难度日益增加，客户需求日益多元化，全过程工程管理咨询服务需求增加，对监理企业技术能力提出了新要求，但市场形势也给我们监理企业提供了发展的机遇，人才建设，永远在路上。只有抢抓机遇，通过政府搭台，协会牵线，企业唱戏，三方群策群力，加强监理人才队伍建设，改变监理企业人才队伍面临的多种窘况，进一步提高服务的能力，监理企业才能立足市场潮头，转型中求得发展。

参考文献：

[1] 刘廷彦.关于工程建设监理人才问题的思考.

[2] 商科.对监理制度改革的理解和政策建议.中国建设监理与咨询，2015/1总第2期.

[3] 赵允杰.以人才为中心提高监理企业的综合竞争力.

[4] 修璐.如何评估“十三五”规划纲要对建设监理行业发展的影响.中国建设监理与咨询，2016/3总第10期.

民营监理与咨询企业如何"强身健体"

河北富士工程咨询有限公司　温江水

工程建设监理与咨询是一项集专业技术、经济、法律、综合管理等多学科知识和技能于一体的智力密集型服务工作。工程建设监理制在我国全面实行二十多年来，对提高投资决策的科学化水平、规范参建各方的建设行为、促使施工单位保证质量安全、实现工程投资效益的最大化上发挥了突出作用。民营监理与咨询企业在各类工程多极化、投资主体多元化、市场运作复杂化的工作实践中，如何做到"强身健体"，笔者结合自身多年来的从业经验谈几点体会。

一、在人才上，解决好"引得来"与"留得住"的问题

（一）广揽唯我所用的人才。人才是决定事业胜负成败的关键性因素，抓好人才建设是公司的未来和希望。受就业市场的"斜视症"的影响，就业者往往对民营企业不十分青睐，民营监理与咨询企业招聘人才不断受到冷遇，只能另辟蹊径人才。河北富士工程咨询有限公司在人才选聘上实行四轮驱动：第一，向校园要人才。2006 年，与河北工程大学洽商，以定向委培的形式，培养土木工程专业 12 人，毕业后在本公司就业并正式签约。此外，实时走进校园召开供需见面宣讲座谈会，帮助有意向的毕业生进行职业生涯设计，校园招聘 8 人。第二，向市场要人才。采取网络招聘与市场选人相结合，通过"邯郸英才网""中国水利人才网"等网站，并参加政府部门和有关单位组织的人才招聘会，进行双向选择。同时，面向社会招贤纳士、广揽人才，聘用企事业单位退休的专业技术人员 20 人，先在公司注册之后，分别进行继续教育，并按照行业政策规定，视其学历、专业、职称，参加相应的职业资格考试。第三，向人才要人才。公司制定的一系列人才政策，使先期聘来的大学生"安居乐业"、创新创业，并晋职晋升。公司给这些人才分任务、压指标，让他们用自己的亲身经历和现身说法去感动和拉动其同乡、同窗和同学，用"人才效应"消除"王婆卖瓜——自卖自夸"的弊端。第四，向传帮带要人才。在人才的培养上实行传帮带，让老师傅带徒弟，通过"一帮一、一带一"新老交流，进一步促进新员工不断"充电"，老同志知识更新。新录用的人才三个月试用期满由本人写出转正申请，经老师傅和部门经理签署意见、作出鉴定，签订正式劳动合同，并交纳"五险"。公司现有建筑、经济及财务管理等各类专业人员 40 多人。其中高级工程师 15 人、中级职称 20 人；取得国家注册总监理工程师 6 人、监理工程师 22 人、咨询工程师 5 人、造价工程师 4 人。

（二）创造理想，的环境。第一，新机制"拴心留人"。良好的用人机制能使人才看到公司改革的希望和发展的未来。在人才的选拔、职称的晋升、职务的竞聘上都引入竞争机制，改"伯乐相马"为"赛场选马"，做到"公开、公平、公正"。在业绩成果的考评方面，建立起了科学的评价体系，根据责任、贡献和成果的大小，采取不同的奖惩方式，尽力做到量化、细化、具体化。将长期激励和短期激励相结合，将物质激励和精神激励相结

合。在职称的评聘上，抓住国家非公有制企业技术人员职称评聘的优惠政策，建立起有利于调动人才积极性、创造性的评聘机制，使具备晋升条件的人才通过评审获得其相应的技术职称。第二，创优环境"拴心留人"。环境条件是吸引人才、留住人才的重要因素之一。同时，人才在成长、创造和创新中脱颖而出也同样需要有一个好的环境。公司一方面营造尊重知识、尊重人才的良好氛围，满足人才被尊重的思想意识需要。特别是从公司领导做起，不是只停留在口头上，而是落实在实际行动上，在人才成长的过程中给予应有的关注。另一方面提供宽松、自主的工作环境，工作时间灵活多样，少看过程，多看结果，使人才在既定的组织目标和自我考核的体系框架下，主动地完成工作任务。第三，绩效挂钩"拴心留人"。在市场经济、商品经济、知识经济时代，必须体现劳动价值原则。公司每年都要对全体员工进行工作绩效考核，对那些能为公司创造效益，能为公司作出贡献，能促进和加快公司发展的人才，在绩效评价的基础上，按一定比例给予物质奖励，做到依贡献论奖惩，凭实绩启用人，以效益定晋升。同时，根据市场"水涨船高"和同行业"待遇攀比"的实际，及时提高工资福利待遇，从工资福利待遇中体现其实现价值的"含金量"，营造出激励和竞争的工作氛围。从而实现用一流的工资招徕一流的人才，一流的人才带来一流的管理，一流的管理产生一流的效益，一流的效益来支撑一流的工资的良性循环。

（三）搭建释放能量的平台。第一，学习上给予关心。眼睛向内培训，根据"缺啥学啥、短啥补啥"的原则，定期进行业务技术培训。眼睛向外取经，选派员工参加各级各类培训班。同时，注重人才的远程教育、知识更新以及办公条件的改善，公司全体员工人手一台电脑，将现代化技术设备的引进和运用普及到监理业务当中。第二，生活上给予关爱。除了尽力满足各项目部办公和生活条件的改善、野外福利待遇的提高外，坚持"以人为本"的原则，开展不同形式的思想工作，对文化娱乐、婚姻家庭、子女教育、住房及医疗条件等给予人文关爱。此外，打造品牌意识，塑造企业精神、企业文化，增强公司的凝聚力、向心力，极大地激发员工为公司努力工作的积极性和自觉性。第三，工作上给予关怀。本着"早压担子、快出成果"的理念，做到层层分解任务，人人肩扛指标，有计划、有目的地让各类人才在急、难、险、重的工作中得到磨炼、增长才干。使他们在工作中找准切点、明确重点、攻克难点、破解关键点，进一步提高工作能力、工作效率和综合素质。同时，以高层次、创新型人才为重点，努力造就一批技术一流的领军人才和创新团队。选派责任心强、领导能力强、有合作精神、专业知识扎实、监理经验丰富、组织协调能力强和有良好工作作风的技术尖子，担当项目工作的主心骨。按照"持证上岗、结构合理、专业配套、数量合适、职责明确、精简高效"的原则，合理配备监理与咨询专业人员。实践证明，只有让人才真正感觉到在知识上有学头儿，工作上有干头儿，自身发展上有奔头儿，才能使他们自身智慧得到充分施展，自身潜能得到充分发挥，自身能量得到充分释放。

二、在技术上，解决好"过得去"与"过得硬"的问题

"过得去"和"过得硬"一字之差，天壤之别。建设市场激烈竞争的实践证明，如果只求"过得去"，就有可能"过不去"，甚至被淘汰。只有"过得硬"，才能逢山开路，过河架桥，勇立潮头，敢打必胜。在这个决定命运的追求上，河北富士工程咨询有限公司选择了后者。

（一）技术过硬。作为工程监理与咨询企业，在工程技术上来不得半点含糊。在公司内部彻底根除"无所谓""基本可以""差不多就行""小富即满、小进即安""不求无功、但求无过"等消极思想和工作弊端。根据当前工程建设任务繁重、市场竞争激烈，以及技术人员素质在工程建设中起主导作用的新形势；对工程监理与咨询企业提出的新要求，充分认识到了不断提高技术人员业务素质，夯

实工程基础的责任感、使命感和紧迫感的重要性。公司每年都要抓住工程项目建设的“间隙”和“空挡”，给工程技术人员“充电”，有目的、有选择、有针对性地集中强化学习。每个年度的培训内容包括建筑材料使用及检测、CAD 制图及应用、工程测量基础、工程识图、建设新规范等。培训方式实行“五个结合”：即由河北工大学教师讲授与工程技术专家传授相结合；理论学习与实际操作相结合；青年员工与老同志交流互动相结合；专业课程测验与学习笔记展示相结合；考试成绩与本年度工作考核相结合。此外，选派员工到外地参加各级各类业务技术培训教育，要求学完后把培训书籍、资料、光盘等学习内容原原本本带回来，以便存档、备案，并据此报销培训费用，同时还要认认真真写出学习总结报告，以便进行交流和共享。

（二）机制过硬。监理与咨询工作的成功很大程度上靠的是一套完善的制度、规范和模式。公司根据监理与咨询相关法规明确了监理与咨询工作流程，如：图纸会审，编制文件，技术交底，施工组织设计审批，开工报告审批，分包单位资格审核，材料、设备及构配件检验，施工放线成果复合，工程变更审核和处理，试件见证取样，工序交接检查，隐蔽工程验收，检验批、分项、分部工程质量验收，工程质量事故处理，质量技术签证，签发监理通知，施工进度控制，工程计量，投资控制，工程竣工验收，工程索赔处理，召开监理工作会议，旁站监理，安全检查，编制监理月报，监理日志记录等。为了规范这些工作，每一项工作又都制定出相应的工作制度，如：图纸审核制度，技术交底制度，开工报告审批制度，材料、构配件检验及复验制度，设计变更审核制度，隐蔽工程检查制度，工程质量检验制度，工程质量事故处理制度，施工进度监督及报告制度，投资监督制度，工程竣工验收制度，监理日志和会议制度，收发文制度，等等，用制度和办法来规范行为、规避风险。

在公司内部管理上，本着“结合实际，实时实用，便于操作，容易执行”的原则，建立健全了包括合同协议、制度办法、职能职责等方面 25 项制度和办法，使方方面面都有说法，从上到下都有约束，办公及生活都有规范，让员工真正明白有所为和有所不为，决不能不作为和乱作为，从而有效地促进了公司内部管理提质量、上水平、升品位。与此同时，将监理与咨询资料档案、项目合同协议、人事及行政档案分别由监理部、财务部和综合部归口管理，使档案真正起到“安全保管、容易查找、方便利用、维权保护、存史资政”的作用。

制度一经制订，关键是抓好制度的落实。根据监理与咨询工作性质和职能职责，建立起工作考核评价体系，从工作制度、工作程序、工作内容、工作成果等方面均提出相应的评价准则，每半年进行一次自评、互评、考核小组考评。每次考核评价完成之后，对考核当中存在的问题都要提出整改措施和建议，并限时办结，挂牌督办，办完销号。同时启动奖惩机制，将考核结果与工资奖金挂钩。此外，结合监理与咨询工作的特殊性，实行“116”信息百分考核，考核内容是：一簿（监理日志和监理日记）、一片（监理工程项目影像资料幻灯片）、六表（见证取样记录表或抽样试验登记表、旁站监理值班记录、工程计量报验单、会议纪要、监理通知、监理月报）。同时结合规范要求对每一项内容都制定具体的分值标准和打分依据，对各项目监理部及监理人员的监理工作和监理资料的规范化起到了激励作用。几年来，公司所承揽的 210 多项工程建设监理项目，均受到了建设单位和业主的好评！

（三）作风过硬。建设工程监理除了为建设单位和业主提供优质服务外，还必须重视与施工单位的工作配合与关系协调，如果施工单位不能与监理与咨询单位积极配合，工程项目就很难形成一个协调、高效、有机的管理体系。在处理与施工单位的关系上，认真把握这样三条原则：一让施工单位在管理上佩服。在尊重施工合同、监理规划和监理细则的基础上，按规范和程序施工，决不让任何违规违法现象蒙混过关。二让施工单位在技术上佩服。监理与咨询工作是一项技术服务性活动，监理人员的技术素质必须与所承担的监理工作相适应。在不断培养和提高监理人员专业技术水平的同时，对施工中遇到的技术、管理等问题组织专家“集体会诊”，切合实际地作出切实可行的解决办法和措施。三让施工单位在职业道德上佩服。监理人员只有身正形端、令行禁止，才能得到建设和施工单位信任和赞同。因此，要求监理人员恪守职业道德，保持廉洁奉公，自觉养成为人正直、秉公办事的高尚品质，通过自己相对的独立性、公正性，对工程建设过程中的不良现象进行有效制约，杜绝建设市场的不良行为，提高监理工作的执行力度，为项目建设与管理担当“保护神”，从而为改革发展起到保驾护航的作用。

三、在发展上，解决好“强素质”与“树形象”的问题

形象就是品牌，形象就是市场，形象就是发展。这“三驾马车”必须并驾齐驱。

（一）打出自己品牌。第一，强化质量监管，确保达到合同质量目标。公司下属各项目监理部对在建工程从开工到竣工实行全过程质量控制与监督，严格审查承建专业队伍的资质和能力，对管理松散、力量薄弱、经验不足的队伍提出严格的要求。从图纸会审、技术交底、原材料的跟进与检测以及施工技术与工艺，特别是对隐蔽、变更等关键部位始终将其置于受检状态，并进行深入检查监督。对不按规范施工或不合格工程实行“零容忍”，并限期进行整改，在确保达到合同质量目标的基础上降低工作风险。第二，强化安全监管，确保实现工程安全目标。各项目监理部把工程安全控制列入议事日程，做到警钟长鸣、慎之又慎。要求各施工单位结合工程实际情况制定切实可行的安全防控措施，采取普查与抽查相结合的方法，提前预测事故，对发现的问题坚决进行整改并予以通报。同时强调安全工作在班前讲、班中查、班后评的基础上，做到“四有”：有专（兼）职安全员、有安全制度、有安全防范措施、有安全应急预案；“五保证”：保证工程安全、保证设备安全、保证人身安全、保证资金安全、保证监理工作安全。第三，强化资金监管，确保实现水利建设资金监管目标。各项目监理部吸取监理个案的工作教训，以切实监管好水利建设资金，真正把有限资金运用到工程实体上的责任感和使命感，严格控制工程核量和工程款支付额度，防止和纠正虚报、假报水利项目骗取资金，挤占、挪用水利专项资金，注意滞留、截留、套取、浪费和违规使用水利建设资金等问题，维护水利建设资金安全运行，保证各项监理工作任务的圆满完成，打出自己的品牌。

（二）抢占市场阵地。在建设市场竞争中，单靠某一方面的突击是维持不了多长时间的，只有稳步地、全方位地定位自己，强调综合优势，才能在低迷的市场中继续前行。公司在几年的监理与咨询工作实践中的体会是，占领阵地不容易，丢失阵地很简单。无论项目大小、钱多钱少，要么不做，做就做好，共事凭实在，合作看长远，诚信赢天下。第一，实施项目巡查制度，组织技术部门进行巡查，巡查方法采用“三个结合”：即定期巡查与不定期巡查相结合，普查与抽查相结合，重点巡查与集体会诊相结合。对查出的问题，认真分析原因，结合实际提出解决问题的办法。同时对监理业务、监理资料、监理成果比较突出的监理项目部，举行监理业绩展示，组织员工进行现场观摩，达到取长补短、互相促进、比学赶帮、共同进步的发展目标。第二，开展“问卷调查”，一问服务对象对公司工作的信任度和满意率。二问被监对象对监理人员的技术能力和廉洁行为。三问公司员工对公司改

革发展意见及建议，体现了民主管理的工作方法，提高了员工参政议政的主人翁地位。第三，建立公司网站，拥有自己的域名，利用多媒体技术向市场展示工作业绩、经营理念、企业文化、企业形象。进一步提高现代企业声誉，增值企业无形资产，树立公司在科技信息时代的完美形象。同时，更有利于了解建设主体的意见，了解业主的心声，加强公司与业主间的联系，建立起良好的市场关系。第四，一年一个新思路，一年上个新台阶。在 2015 年“质量建设年”取得成效的基础上，把 2016 年定为“素质提高年”。结合实际地制定了一套实施方案，从目标原则、内容要求、方法步骤、成绩运用，以及组织领导等方面均作了详尽的安排。要求员工必须懂专业、懂管理、懂经济、懂法律，并熟悉新技术、新知识、新规范、新材料。从而达到具有较强的专业能力、丰富的实践经验、较高的政策水平、娴熟的协调艺术、良好的道德品质，以高素质的员工队伍，去实现高质量的发展目标。第五，为在市场活动中不断塑造企业信用形象，按照国家商务部和国资委统一的企业信用等级评价标准，经申报批准，公司获得 AAA 级企业信用等级认证，成为公司履约能力、投标信誉、综合实力与竞争力的重要体现。

（三）增添发展动力。要想求得生存、求得发展，就必须增强责任感和危机感，不断地提升正能量、追求升级版。这个正能量就是技术力量、技术水平、技术设备、业绩成果和信用程度。为此，将“六个发展要素”，贯穿监理工作全过程。第一，增强法律法规意识。国家针对监理与咨询工作出台了许多法律法规，监理与咨询人员应随时将自己设定在法律法规的网络之中，严格按照法律法规履行职责，并认真约束自身行为。强调监理与咨询人员要深入现场，通过巡视、旁站等各种手段及时发现在工程质量、安全、进度等方面存在的隐患或征兆，通过监理指令、告诫、提醒或劝说，乃至勒令被监督方及时整改或处置。同时做到监理自身行为规范，体现公平公正、主持正义、依法办事、清正廉洁、遵章守纪、作风务实、实事求是、爱岗敬业的工作作风，圆满完成业主委托的监理工作任务。第二，不断提高自身素质。监理与咨询工作的质量取决于监理与咨询人员业务素质及整体水平。针对目前新工艺、新技术、新材料的不断涌现，要求监理与咨询人员认真学习各种技术规程、标准规范。并要理论联系实际，从实践中学习，从现场中学习，在学习中实践，在实践中提高，以新技术、新工艺破解技术难题。第三，讲求诚信和质量。在承揽监理与咨询业务时，必须树立良好的信用意识，成为讲道德、讲信用的市场主体，不断强化自身，靠规范立基，质量至上，诚信为本，服务取胜，对建设单位负责，对社会负责。第四，注意工作方式和方法。监理与咨询单位的职责是“四控、两管、一协调”，正确处理好与建设、施工及各参建单位的关系很重要。在监理职责范围内，该管的管到位、该协调的协调到位，碰到问题和困难能果断拿出处理的办法。并多想好办法，多出好主意，多为建设方排忧解难，切实维护监理的独立性和权威性。第五，严格遵守施工规范和要求。在监理过程中，发现涉及质量、安全的违法、违规行为，做到“三及时”，即：及时发现、及时制止、及时报告，对隐瞒不报或虚报假报，一经查实严肃处理。对施工单位的质量控制自检系统进行监督，严格按照技术规范和实际工程情况建立每个分项工程的施工工序框图，把影响工序质量的因素都纳入监控状态，以对主要工序进行监控的方式，及时发现和解决具体问题。第六，增强廉洁自律意识。监理工作的性质决定了监理人员必然会成为受侵蚀的对象，从某种角度上讲，监理人员的廉洁自律比其业务素质更为重要。

河北富士工程咨询有限公司工作实践证明，民营监理与咨询企业在建设市场的打拼中，一靠人才强身，二靠技术健体，三靠市场完美，三者并肩齐驱，不可偏废。只有正确处理好三者关系，并结合自身特点，不断地进行自我完善，才能在民营企业异军突起的今天，发展成为混合所有制经济中的一支劲旅，为改革发展贡献自己的力量。

工程监理企业在“互联网+”新形势下的几点思考

武汉华胜工程建设科技有限公司　吴红涛

摘　要： 本文在分析了什么是“互联网+”，在建筑业已迈入了“互联网+”时代的基础上，剖析了“互联网+”新形势下工程监理将扮演的角色，提出了新形势下工程监理企业必须做好几个“+”的建议，展望了监理企业的美好未来。对“互联网+”新形势下工程监理企业的创新发展具有一定的指导和借鉴作用。

关键词： 互联网+　工程监理　信息化　BIM

2015年3月5日的十二届全国人大三次会议上，李克强总理在政府工作报告中首次提出“互联网+”行动计划。大数据、物联网、移动技术、云计算、BIM、VR、AR、3D打印、装配式建筑等，将对传统建筑业产生猛烈的冲击。作为工程建设领域的第三方——工程监理企业，更应站在行业角度上深入学习“互联网+”，剖析“互联网+”新形势下工程监理扮演的角色，认真分析新形势下企业存在的问题，才能找准应对之策，顺应新形势，做好转型升级，拥抱监理行业发展的春天。

一、“互联网+”是什么？

“互联网+”是互联网思维的进一步实践成果，推动经济形态不断地发生演变，从而带动社会经济实体的生命力，为改革、创新、发展提供广阔的网络平台。笔者认为，不论“互联网+”一词多么时髦、高深，其本质是互联网与某个行业进行的深度融合，创造新的发展生态，也就是利用互联网创新，而绝非简单的“XX+互联网”。其中的融合与创新，就是基于原始海量数据的采集、统计、分析、传输到显示终端，进而提供高效、可行、可信的信息给参与者研判、确认、采纳，避免重复劳动，解放思想、开拓思维、优化资源配置、提升劳动效能。因此，“互联网+”融合到工程监理中，将颠覆传统的工作方式，促进行业转型、升级、创新，最终实现并履行好企业的社会责任。

二、建筑业已迈入“互联网+”时代

党和国家对建筑业“互联网+”发展高度重视，为其发展提供了坚实的政策保障。2011年，国家住建部出台了《2011-2015年建筑业信息化发展纲要》；2015年6月，住建部印发了《关于推进建筑信息模型应用的指导意见》；2015年7月4日，国务院正式发布《关于积极推进“互联网+”行动的指导意见》；2016年8月23日，住建部印发了《2016-2020年建筑业信息化发展纲要》。

智能建筑是“互联网 +”的最好产物，“互联网 +”为智能建筑产业的升级转型提供了方向。该行业在 2005 年首次突破 200 亿元后，2014 年市场规模已达 4000 亿元。新型城镇化建设的国家战略，智慧城市建设的深入铺开，更助推了这一产业的进程。有预测显示，中国智能建筑产业未来将以 20% 的年增长速度一路向前。

BIM 应用作为建筑业信息化的重要组成部分，正在推动建筑领域的变革。《关于推进建筑信息模型应用的指导意见》（建质函 [2015]159 号）文件要求，到 2020 年末，建筑行业甲级勘察、设计单位以及特级、一级房屋建筑工程施工企业应掌握并实现 BIM 与企业管理系统和其他信息技术的一体化集成应用。到 2020 年末，以国有资金投资为主的大中型建筑、申报绿色建筑的公共建筑以及绿色生态示范小区的新立项项目勘察设计、施工、运营维护中，集成应用 BIM 的项目比率达到 90%。

绿色建筑、新型城镇化建设、PPP 模式、智慧城市、城市地下管廊建设、装配式建筑、建筑行业信息化标准顶层设计等无一不是“互联网 +”对建筑业的时代呼唤。作为传统行业的代表，建筑行业已开启了“互联网 +”的新征程，迈入了“互联网 +”时代，走在产业现代化的路上。

三、“互联网 +”新形势下的工程监理

毋庸置疑，大数据是“互联网 +”的核心引擎，而工程监理的核心何尝又不是数据（信息）呢？监理工作本质就是将现场采集的数据（投资、质量、进度）与设计、标准、计划数据进行比对、对现场获取的信息进行研判，通过语音、文档（电子、纸质）把这些数据（信息）传递给参建各方，体现监理的作为。由此可以展望，在“互联网 +”新形势下，借助更先进的平台、工具、手段，监理将扮演更加重要的角色。

（一）构建大平台、主导协同作业

在“互联网 +”新形势下，参建各方都融入了互联网，都有各自的工作平台，监理企业需要构建一个基于 BIM、大数据、智能化、移动通信、云计算等技术的大数据信息平台，通过平台采集甲方、勘察、设计、施工、监理和质量检测等参建各方的工程建设全过程数据，实现全过程数据、建筑工程五方责任主体行为等信息的共享，保障数据可追溯。基于此平台，监理将主导参建各方协同作业，建立完善建筑施工各项管理目标信息系统，对工程现场全过程信息进行采集和汇总分析，实现施工企业、人员、项目等监管信息互联共享，提高目标管理尤其是施工安全监管水平。

（二）信息流的制定与监督者

传统的监理信息管理通过语言、纸质媒介传递，但基于“互联网 +”背景下，项目控制、集成化管理、虚拟建造等应运而生，传统的信息管理手段捉襟见肘，基于“互联网 +”新形势下的工程建设信息流管理迫在眉睫。工程监理企业必须制定基于大平台下的信息流（工作流、物流、资金流、内外部信息流）系统，制定在决策、设计、招投标、施工、维保营运阶段全过程信息流管理制度，并对执行情况进行监督和完善，实现信息流伴随着工程建设全过程的畅通、共享，实现工程建设的集成化、工程组织的虚拟化，实现真正意义上的主动控制。

（三）基于建筑信息模型工作

作为国家大力推行的建筑信息模型（BIM）技术，在建筑领域发展如火如荼，推动了建筑业大变革。监理企业不能独善其身，必须掌握并使用 BIM 技术武装自己。监理基于建筑信息模型工作，可以在做好事前控制，对工程建设的质量、进度、投资进行预判、分析，对安全和信息流进行有效管理，为业主提供公正、科学的决策方案，提升工作效能，提供真正的智力服务。

（四）使用更为先进的工具、手段

“互联网 +”新形势下，激光测距仪、红外测温仪、测厚仪、数码游标卡尺、数显回弹仪、核子仪等检测工具将成为监理工程师的标配；利用智能放线机器人指导施工放线或对施工方的放线成果进行复核，利用 3D 激光扫描仪对施工成品

扫描后于建筑模型进行误差比对，利用无人机对施工过程进行巡检、拍照取证，将降低监理劳动强度，提高工作效率，增强监理工作的信服力；利用云空间，把工作流程、要求、做法、图纸大样、材料构建信息上传，现场任何人员都可以在相应部位手机扫码读取，省却交底时间，统一标准、做法；利用搭建的大平台下发指令、统计数据、实施纠偏、召开在线会议，主导参建各方协同办公，提升监理服务品质。

（五）基于大数据的分析和研判

“互联网 +”新形势下，建筑信息模型、先进的测量检测工具、专业工程软件的普遍使用，监理工作的重心将转移到基于大数据的分析和研判上。在项目前期，监理利用建筑模型进行碰撞检查、结构优化、WBS 分解、进度编制、重难点分析；在项目实施过程中，对获取的如施工缺陷、实验结果、适时进度、资源配置、市场价格等信息进行分析和研判，实时监控施工质量、修改进度计划、优化资源配置，做到预警及时、纠偏准确，向建设方提供有价值的分析报告和势态预测，事前控制将不再是空谈。

（六）更有话语权

“互联网 +”新形势下，谁掌握了信息谁就掌握了话语权。监理企业通过上述行为，在大数据、信息化方面处于主导和核心地位，扮演着越来越重要的角色。在参建各方尤其是建设单位眼中，监理不再仅仅是一个简单的施工监督管理者，而是有效参与建设全过程的高效组织者和决策者、高智能服务专家，监理价值得以回归，才能拥有举足轻重的话语权。

四、面对新形势，监理企业应做好几个“加”

科技进步无法阻挡，“互联网 +”席卷全球，很多施工企业已在浪潮中大显身手，而我们的工程监理企业呢？还止步于“三控、三管、一协调”+“旁站、巡视、平行检验”？既然无法回避并改变“互联网 +”对监理行业巨大冲击的现实，我们就必须思考、转变、自治、创新，在如下几个“加”上做文章，做出品牌和价值，履行社会责任。

（一）加快思想转变，加大企业创新力度

当前，很多监理企业还停留在为承接业务奔波、施工单位管理难、安全管理压力大，疲于应对政府主管部门检查、业主抱怨的层面，还停留在一把钢卷尺走天下、座椅板凳要甲方提供、人员流动大、监理费用不高的层面。还有不少单位，以为有了企业的 OA 办公系统、以为建立了几个公司或项目层面的 QQ 群、微信群就是信息化，就是“互联网 +”。这样能适应“互联网 +”新形势下社会对工程监理企业的要求吗？显然不能！

因此，监理企业的管理层要有高度的政策敏感性，要脱胎换骨的转变思想，加强对“互联网 +”的认识，深刻理解“互联网 +”和“+ 互联网”的本质不同，制定“互联网 +”新形势下企业的创新发展规划，从企业可持续发展的角度上在思维、组织、制度、模式、技术、营销、人才等方面进行管理创新，理解并践行“以人为本”的发展模式，借助“互联网 +”的契机变革，转型升级。

（二）加强资源配置，加大人才培育力度

企业信息化建设工程是“一把手”工程，要时间沉淀，要“人”做事。当全员有了“大数据”“信息化”意识的时候，“互联网 +”下所能做、将做的一切必定不是空中楼阁，而是如鱼得

水。信息化建设初期，需投入大量资金添置软硬件，配备专业人士管理，做全员推广培训；运行阶段，大平台需专人维护、升级，项目部需配备专职信息管理员，全员都是数据信息的采集、上传、管理者。所以，除舍得资金投入外，更要有与之匹配人力资源。在人才引进上，传统主导专业要提高学历门槛，并向信息技术、网络安全、软件工程等专业的人才倾斜，做好培育工作，为迎接监理行业的“互联网+”新时代的春天播下种子。

（三）加强学习研究，加大互动交流力度

工程监理企业提供的是智力型服务，学习型、研究型的组织是全社会对我们的要求，在“互联网+”新形势下，这种要求更为急迫。我们要通过各种途径和方式学习，传递知识并转变思维，改善企业行为和绩效过程，打造学习型组织，推动创新性企业发展。在企业内倡导学习，营造“比学赶帮超带”的良好氛围，打造与兄弟公司、科研院所之间“走出去、请进来”的互动交流的宽松环境。业精于勤，只要能勤于学习、交流，我们就能在“互联网+”中站稳脚跟，找准位置；持之以恒，只要能坚持初心，我们就能在“互联网+”中有所为，有所不为。

（四）加强团结协作，提升行业影响力度

目前工程监理行业面临可持续发展问题、转型升级问题、安全责任问题等，“互联网+”新形势下自身准备不足，家底薄弱，因此我们更应抱团取暖、团结合作而不是恶性竞争、相互诋毁，全面提升监理企业在工程建设领域地位提升行业影响力。行业内的优势企业应通过帮扶、联合体甚至兼并小企业等方式进一步做大做强，向工程监理“互联网+”专业化、模块化发展；行业内企业间应以谦虚、善意的姿态对待同行，相互支持理解，团结协作，有序竞争；行业协会应积极研究制定“互联网+”监理服务标准，引导监理企业之间互动交流，提高监理智力服务水平，提升监理行业的社会影响力。

五、借力“互联网+”，提升监理企业的服务效能和形象

不论是逃避抑或主动面对，“互联网+”时代已经扑面而来。在工程建设领域中有重要地位的工程监理企业，非但不能独善其身，反而要乘胜追击，否则我们将错失良机，成为时代的弃儿。工欲善其事，必先利其器，我们要借力“互联网+”，在工程建设领域找准位置，找到合适的角色，利用我们擅长的信息管理技术和手段，成为“互联网+”新形势下工程建设信息化平台主导者、规则制定者、应用者、传播者，成为真正独立的第三方，提供智力型服务，全面提升监理企业的服务效能和形象。

在“互联网+”新形势下，工程监理企业必将插上信息化的翅膀，搭乘“互联网+”的快车，步入良性发展快车道！

结语

“互联网+”概念一经提出，影响巨大，意义深远，这也意味着建筑行业迈入了“互联网+”时代。在这一形势下，工程监理企业尤应高度重视，领悟“互联网+”的本质，适应新形势，找准在“互联网+”的地位，为建设单位提公正、科学的智力服务。但我们也要认识到自身的不足，需加强思想转变，加大企业创新力度；加强资源配置，加大人才培育力度；加强学习研究，加大互动交流力度；加强团结协作，提升行业影响力度。只有顺应新形势，强基固本，才能在新形势下有立足之地、持续发展，从而带动行业发展。

参考文献：

[1] 2015年中国建筑行业市场发展现状及行业发展前景
[2] 2016—2020年中国建筑行业运行态势及投资战略研究报告
[3] 中国建筑施工行业信息化发展报告（2016）
[4] 2016—2020年建筑业信息化发展纲要

《中国建设监理与咨询》协办单位

 北京市建设监理协会 会长：李伟	 中国铁道工程建设协会 副秘书长兼监理委员会主任：肖上潘	 京兴国际工程管理有限公司 执行董事兼总经理：李明安	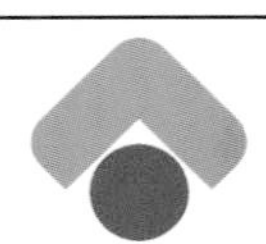 北京兴电国际工程管理有限公司 董事长兼总经理：张铁明
 北京五环国际工程管理有限公司 总经理：李兵	 咨询北京有限公司 BEIJING CONSULTING CORPORATION LIMITED 中国水利水电建设工程咨询北京有限公司 总经理：孙晓博	 鑫诚建设监理咨询有限公司 董事长：严弟勇　总经理：张国明	 北京希达建设监理有限责任公司 总经理：黄强
 中船重工海鑫工程管理（北京）有限公司 总经理：栾继强	 中咨工程建设监理公司 总经理：杨恒泰	 山西省建设监理协会 会长：唐桂莲	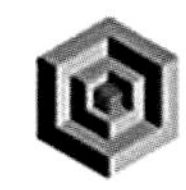 山西省建设监理有限公司 董事长：田哲远
 山西煤炭建设监理咨询公司 执行董事兼总经理：陈怀耀	 山西和祥建通工程项目管理有限公司 执行董事：王贵展　副总经理：段剑飞	 太原理工大成工程有限公司 董事长：周晋华	 山西省煤炭建设监理有限公司 总经理：苏锁成
 山西震益工程建设监理有限公司 董事长：黄官狮	 山西神剑建设监理有限公司 董事长：林群	 山西共达建设工程项目管理有限公司 总经理：王京民	 晋中市正元建设监理有限公司 执行董事兼总经理：李志涌
 运城市金苑工程监理有限公司 董事长：卢尚武	 吉林梦溪工程管理有限公司 总经理：张惠兵	 沈阳市工程监理咨询有限公司 董事长：王光友	 大连大保建设管理有限公司 董事长：张建东 总经理：柯洪清
 上海建科工程咨询有限公司 总经理：张强	 上海振华工程咨询有限公司 总经理：徐跃东	 山东同力建设项目管理有限公司 董事长：许继文	 山东东方监理咨询有限公司 董事长：李波
 江苏誉达工程项目管理有限公司 董事长：李泉	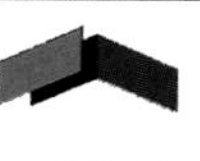 LCPM 连云港市建设监理有限公司 董事长兼总经理：谢永庆	 江苏赛华建设监理有限公司 董事长：王成武	 江苏建科建设监理有限公司 董事长：陈贵 总经理：吕所章
安徽省建设监理协会 会长：陈磊	 合肥工大建设监理有限责任公司 总经理：王章虎	 浙江省建设工程监理管理协会 副会长兼秘书长：章钟	 浙江江南工程管理股份有限公司 董事长总经理：李建军
 浙江华东工程咨询有限公司 ZHEJIANG HUADONG ENGINEERING CONSULTING CO.,LTD 浙江华东工程咨询有限公司 执行董事：叶锦锋 总经理：吕勇	 浙江嘉宇工程管理有限公司 ZHEJIANG JIAYU PROJECT MANAGERMENT CO.,LTD 浙江嘉宇工程管理有限公司 董事长：张建　总经理：卢甬	 江西同济建设项目管理股份有限公司 法人代表：蔡毅 经理：何祥国	 福州市建设监理协会 理事长：饶舜
 厦门海投建设监理咨询有限公司 法定代表人：蔡元发　总经理：白皓	 驿涛项目管理有限公司 董事长：叶华阳	 河南省建设监理协会 会长：陈海勤	 中兴监理 郑州中兴工程监理有限公司 执行董事兼总经理：李振文

《中国建设监理与咨询》协办单位

河南建达工程咨询有限公司
总经理：蒋晓东

河南清鸿建设咨询有限公司
董事长：贾铁军

河南建基工程管理有限公司
总经理：黄春晓

郑州基业工程监理有限公司
董事长：潘彬

中汽智达（洛阳）建设监理有限公司
董事长兼总经理：刘耀民

河南省光大建设管理有限公司
董事长：郭芳州

河南方阵工程监理有限公司
总经理：宋伟良

武汉华胜工程建设科技有限公司
董事长：汪成庆

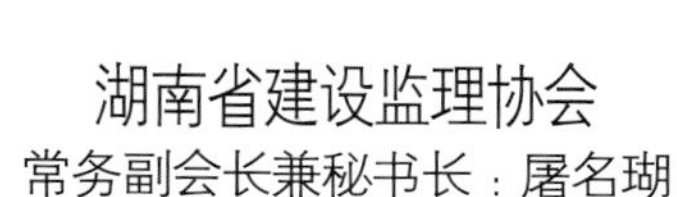

湖南省建设监理协会
常务副会长兼秘书长：屠名瑚

长沙华星建设监理有限公司
总经理：胡志荣

湖南长顺项目管理有限公司
董事长：潘祥明 总经理：黄劲松

深圳市监理工程师协会
会长：方向辉

广东工程建设监理有限公司
总经理：毕德峰

重庆赛迪工程咨询有限公司
董事长兼总经理：冉鹏

重庆联盛建设项目管理有限公司
总经理：雷开贵

重庆华兴工程咨询有限公司
董事长：胡明健

重庆正信建设监理有限公司
董事长：程辉汉

重庆林鸥监理咨询有限公司
总经理：肖波

重庆兴宇工程建设监理有限公司
总经理：唐银彬

四川二滩国际工程咨询有限责任公司
董事长：赵雄飞

成都晨越建设项目管理股份有限公司
董事长：王宏毅

云南省建设监理协会
会长：杨丽

云南新迪建设咨询监理有限公司
董事长兼总经理：杨丽

云南国开建设监理咨询有限公司
执行董事兼总经理：张葆华

贵州省建设监理协会
会长：杨国华

贵州建工监理咨询有限公司
总经理：张勤

西安高新建设监理有限责任公司
董事长兼总经理：范中东

西安铁一院工程咨询监理有限责任公司
总经理：杨南辉

西安普迈项目管理有限公司
董事长：王斌

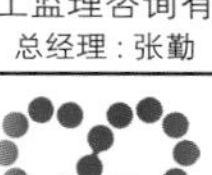

西安四方建设监理有限责任公司
董事长：谢斐

华春建设工程项目管理有限责任公司
董事长：王勇

陕西华茂建设监理咨询有限公司
总经理：阎平

永明项目管理有限公司
董事长：张平

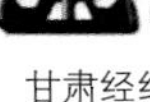

甘肃经纬建设监理咨询有限责任公司
董事长：薛明利

甘肃省建设监理公司
董事长：魏和中

新疆昆仑工程监理有限责任公司
总经理：曹志勇

广州宏达工程顾问有限公司
总经理：伍忠民

方大管理

河南方大建设工程管理股份有限公司
董事长：李宗峰

河南省万安工程建设监理有限公司
董事长：郑俊杰

中元方工程咨询有限公司
董事长：张存钦

北京市建设监理协会

北京市建设监理协会成立于1996年，是经北京市民政局核准注册登记的非营利社会法人单位，由北京市住房和城乡建设委员会为业务领导，并由北京市社团办监督管理，现有会员230家。

协会的宗旨是：坚持党的领导和社会主义制度，发展社会主义市场经济，推动建设监理事业的发展，提高工程建设水平，沟通政府与会员单位之间的联系，反映监理企业的诉求，为政府部门决策提供咨询，为首都工程建设服务。

协会的基本任务是：研究、探讨建设监理行业在经济建设中的地位、作用以及发展的方针政策；协助政府主管部门大力推动监理工作的制度化、规范化和标准化，引导会员遵守国法行规；组织交流推广建设监理的先进经验，举办有关的技术培训和加强国内外同行业间的技术交流；维护会员的合法权益，并提供有力的法律支援，走民主自律、自我发展、自成实体的道路。

北京市建设监理协会下设办公室、信息部、培训部等部门，“北京市西城区建设监理培训学校”是培训部的社会办学资格，北京市建设监理协会创新研究院是大型监理企业自愿组成的研发机构。

北京市建设监理协会开展的主要工作包括：

1. 协助政府起草文件、调查研究，做好管理工作；
2. 参加国家、行业、地方标准修订工作；
3. 参与有关建设工程监理立法研究等内容的课题；
4. 反映企业诉求，维护企业合法权利；
5. 开展多种形式的调研活动；
6. 组织召开常务理事、理事、会员工作会议，研究决定行业内重大事项；
7. 开展“诚信监理企业评定”及“北京市监理行业先进”的评比工作；
8. 开展行业内各类人才培训工作；
9. 开展各项公益活动；
10. 开展党支部及工会的各项活动。

北京市建设监理协会在各级领导及广大会员单位支持下，做了大量工作，取得了较好成绩。

2015年12月协会被北京市民政局评为“中国社会组织评估等级5A”，2016年6月协会被中共北京市委社工委评为“北京市社会领域优秀党建活动品牌”，2016年12月协会被北京信用协会授予“2016年北京市行业协会商会信用体系建设项目”等荣誉称号。

协会将以良好的精神面貌，踏实的工作作风，戒骄戒躁，继续发挥桥梁纽带作用，带领广大会员单位团结进取，勇于创新，为首都建设事业不断作出新贡献。

地　址：北京市西城区长椿街西里七号院东楼二层
邮　编：100053
电　话：（010）83121086　83124323
邮　箱：bcpma@126.com
网　址：www.bcpma.org.cn

2017年3月召开“2017年建设工程监理工作会”

2017年4月召开“北京市建设监理协会召开换届选举大会”

2017年5月举办“大型公益讲座”

2017年3月协会培训学校举办“专业监理工程师培训”

2016年11月到贫困山区小学举行“捐资助学”活动

山西省煤炭建设监理有限公司

山西省煤炭建设监理有限公司是山西省煤炭工业厅直属的国有企业，成立于1996年4月。具有住建部颁发的矿山工程甲级、房屋建筑工程甲级、市政公用工程甲级、机电安装工程乙级监理资质；具有煤炭行业矿山建设、房屋建筑、市政及公路、地质勘探、焦化冶金、铁路工程、设备制造及安装工程甲级监理资质。同时，还具有水利水保工程监理资质、环境工程监理资质、煤矿生产能力核定资质、人民防空工程建设监理资质，受山西省煤炭工业厅委托参与煤炭安全质量标准化验收工作。

公司具有正高级职称3人，高级职称50人，工程师397人；国家注册监理工程师88人，国家注册造价师6人，一级建造师5人，国家安全师10人，国家注册设备监理师16人，国家环境监理工程师20人，国家人防监理工程师20人，国家水利水保监理工程师33人。企业通过GB/T-19001:2008标准质量体系、环境管理体系和职业健康安全管理体系认证。

公司先后监理项目680余个，遍布山西、内蒙古、新疆、青海、贵州、海南、浙江等地，并于2013年进驻刚果（金）市场。所监理项目，获得国家优质工程奖8项，中国建设“鲁班奖”5项，煤炭行业工程质量“太阳杯”奖12项，荣获全国“双十佳”项目监理部2个。

2002年以来，企业连年被中国煤炭建设协会评为“煤炭行业工程建设先进监理企业”，被山西省建设监理协会评为“先进建设监理企业”，被山西省煤炭工业基本建设局评为“煤炭基本建设先进集体”。2009年至今，公司党委每年都被山西省煤炭工业厅机关党委评选为“先进基层党组织”，被山西省直工委评为“党风廉政建设先进集体”，被山西省直机关精神文明建设委员会授予企业“文明和谐标兵单位”。2007年以来，公司综合实力排名一直位于全国煤炭建设监理企业前列，连续七年在全国煤炭系统监理企业排名第一；从2011年起，连续四年在全省建设监理企业中排名第一，并迈入全国监理企业100强。

企业认真贯彻落实科学发展观，确立“以监理为主、多元化发展”的发展战略；恪守“诚信创新永恒，精品人品同在”的经营理念；以人为本、以法治企、以德兴企、以文强企，以“忠厚吃苦、敬业奉献、开拓创新、卓越至上”为企业精神，要求每一位员工从我做起，把公司的信誉放在首位，充分发挥优质监理特色服务的优势，力求做到干一个项目，树一面旗帜，建一方信誉，交一方朋友，拓一方市场。

山西潞安集团高河矿井及选煤厂工程（荣获中国建设工程鲁班奖，煤炭行业工程质量太阳杯奖）

兰亭御湖城住宅小区工程（荣获全国十佳项目监理部）

同煤浙能集团麻家梁煤矿年产1200万吨矿建工程

潞安环能王庄煤矿年产750万t矿建工程及选煤厂改扩建工程

西山晋兴能源斜沟煤矿3000万吨选煤厂工程

山投恒大青运城

山西煤炭大厦（荣获中国建设工程鲁班奖）

背景：潞安环能余吾煤矿年产600万吨矿建工程（荣获国家优质工程奖、煤炭行业工程质量太阳杯奖）

山西省建设监理有限公司

山西省建设监理有限公司（原山西省建设监理总公司）成立于1993年，于2010年1月27日经国家住房和城乡建设部审批通过工程监理综合资质，注册资金1000万元。公司成立至今总计完成监理项目2000余项，建筑面积达3000余万平方米，其中有10项荣获国家级“鲁班奖”，1项荣获“詹天佑土木工程大奖”，2项荣获“中国钢结构金奖”，1项荣获“国家优质工程奖”，1项荣获“结构长城杯金质奖”，6项荣获“北军优奖”，40余项荣获山西省“汾水杯”奖，100余项荣获省、市优质工程奖。

公司技术力量雄厚，集中了全省建设领域众多专家和工程技术管理人员。目前高、中级专业技术人员占公司总人数90%以上，国家注册监理工程师目前已有130余名、国家注册造价工程师10名、国家注册一级建造师26名、国家一级结构工程师1名。

公司拥有自有产权的办公场所，实行办公自动化管理，专业配套齐全，检测手段先进，服务程序完善，能优质高效地完成各项管理职能业务。公司于2000年通过ISO9001国际质量体系认证，并能严格按其制度化、规范化、科学化的要求开展监理服务工作。

公司具有较高的社会知名度和荣誉。至今已连续两年评选为“全国百强监理企业”，八次荣获“全国先进工程建设监理单位”，连续十五年荣获“山西省工程监理先进单位”。2005年以来，又连续获得“山西省安全生产先进单位”以及“山西省重点工程建设先进集体”。2008年被评为“中国建设监理创新发展20年工程监理先进单位”和“三晋工程监理企业二十强”。2009年中国建设监理协会授予“2009年度共创鲁班奖监理企业”。2011年、2013年再次被中国建设监理协会授予“2010~2011年度鲁班奖工程监理企业荣誉称号”和“2012~2013年度鲁班奖及国家优质工程奖工程监理企业荣誉称号”。2014年8月被山西省建筑业协会工程质量专业委员会授予“山西省工程建设质量管理优秀单位”称号，12月被中国建设监理协会授予“2013~2014年度先进工程监理企业”称号。

公司始终遵循“严格监理、一丝不苟、秉公办事、热情服务”的原则；贯彻“科学、公正、诚信、敬业，为用户提供满意服务”的方针；发扬“严谨、务实、团结、创新”的企业精神，及独特的企业文化“品牌筑根，创新为魂；文化兴业，和谐为本；海纳百川，适者为能。”一如既往地竭诚为社会各界提供优质服务。

山西省十大重点工程，我们先后承监的有：太原机场改扩建工程、山西大剧院、山西省图书馆、中国（太原）煤炭交易中心——会展中心、山西省体育中心——自行车馆、太原南站。公司分别选派政治责任感强、专业技术硬、工作经验丰富的监理项目班子派驻现场，最大限度地保障了“重点工程”监理工作的顺利进行。

今后，公司将以超前的管理理念、卓越的人才队伍、勤勉的敬业精神、一流的工作业绩，树行业旗帜，创品牌形象，为不断提高建设工程的投资效益和工程质量，为推进我国建设事业的健康、快速、和谐发展作出贡献！

公司网站：www.sxjsjl.com

中国建行山西分行综合营业大厦荣获2000年度中国建筑工程“鲁班奖”

山西省国税局业务综合楼荣获2002年度中国建筑工程“鲁班奖”

鹳雀楼荣获2003年度中国建筑工程“鲁班奖”，詹天佑土木工程大奖

太旧高速公路荣获1996年度中国建筑工程“鲁班奖”

山西省博物馆荣获2006年度中国建筑工程“鲁班奖”

中国人民银行太原中心支行附属楼2010~2011年度中国建筑工程“鲁班奖”

山西省图书馆获2014~2015年度中国建筑工程“鲁班奖”

中国煤炭交易中心2012~2013年度中国建设工程“鲁班奖”

太原机场荣获1995年度中国建筑工程“鲁班奖”

太原机场航站楼荣获2009年度中国建筑工程“鲁班奖”

8650 部队医院

晋中市财政局办公大楼

三水职工住宅小区

山西华澳商贸职业学院主教学楼

榆次区小南庄整体搬迁安置综合项目

钰荣源小区

榆次开发区办公大楼

晋中市审计局办公大楼

晋中学院主楼

榆次一中

经　理：李志涌
电　话：0354-3031517
邮　编：030600
邮　箱：jzjl3031517@163.com

晋中市正元建设监理有限公司

晋中市正元建设监理有限公司成立于 1994 年 12 月，原名晋中市建设监理有限公司，于 2008 年 6 月经批准更名，是经山西省建设厅批准成立的具有独立法人资格，拥有房屋建筑工程监理甲级、市政公用工程监理乙级资质的专业性建设监理公司。公司主营工业与民用建筑工程及市政建设工程的监理任务，兼营建设工程技术服务和技术咨询业务。公司拥有一支素质优良、业务精湛的职工队伍，现有员工 360 余人，其中国家、省级注册监理工程师 220 余人，注册造价工程师 3 人，注册一级建造师 4 人，注册安全工程师 1 人，具有高、中级技术职称的有 240 余人，其余人员都经山西省建设厅培训合格并取得了监理员岗位证书。

公司成立以来，建立健全了一套完备有效的管理运行机制，并于 2009 年顺利通过了 GB/T 19001-2008 质量管理体系认证，公司始终贯彻“规范管理、以诚取信”的经营宗旨，坚持“守法、诚信、公正、科学”的企业经营原则，坚持“以人为本”的管理理念，建立了较完善的质量体系，对员工进行严格考核，对现场规范管理，在本地区、本行业中逐渐打造出良好的企业品牌。公司先后承担了晋中城区及所属县、市 1300 多项，近 1200 万平方米各类工业与民用建筑的工程监理任务，工程合格率 100%，优良率 50% 以上。其中，晋中市公安局人民警察训练学校、和顺县煤炭交易大厦、晋中客货运输信息中心大楼、晋中市财政局档案局综合办公楼、新兴・君豪国际商住楼、经纬科技中心大楼、晋中市建设工程综合交易中心、晋中市国土资源局办公大楼、太谷中学实验楼、和顺一中实验楼、晋中市委市政府办公大楼、榆次中国银行营业大楼、晋中市国税局培训中心、介休市邮政住宅小区、山西农业大学 2 号楼学生公寓、田森 B 区住宅楼等工程均荣膺山西省建筑工程质量最高奖——汾水杯奖。此外，经纬科技中心大楼、田森佳园工程和灵石县实验小学教学楼等工程还荣获山西省太行杯土木工程大奖。同时，公司先后监理的一大批工程均被评为省优、市优工程。近年来，公司还圆满完成了多项市政工程的监理任务，如玉湖公园改造及绿化工程、晋中市环城路亮化工程、体育公园土建及绿化工程、晋中市经纬绿地绿化工程、晋中市北部新城乡高压线网整合配套管道及道路工程，晋商公园一期、二期土建及绿化工程等工程，均得到了业主的充分肯定。

回首过去，公司以一流的服务受到了业主的一致好评，赢得了良好的社会信誉，同时，也得到了上级主管部门的充分肯定，连续多年被山西省建设厅、晋中市政府、晋中市建设局授予“省级先进监理单位”“省建设监理企业安全生产先进单位”“晋中市建设工作先进集体”等荣誉称号，2008 年被山西省建设监理协会授予“三晋工程监理企业二十强”荣誉称号。2012 年 3 月 1 日“晋中市正元建设监理有限公司龙城高速公路房建监理合同段”被山西省劳动竞赛委员会授予“劳动集体三等功”荣誉称号。

展望未来，云程发轫。公司的发展融入着广大业主的支持和信任，公司将继续坚持“守法诚信，公正科学，真诚服务，精益求精”的质量方针，继续强化“一切服务于用户，一切服务于工程”的宗旨意识，不断进取、开拓创新，以更专业的知识、更科学的技术，更周到地为业主提供更优质的服务。

吉林梦溪工程管理有限公司

吉林梦溪工程管理有限公司是中国石油集团东北炼化工程有限公司全资子公司。前身为吉林工程建设监理公司，成立于1992年，是中国最早组建的监理企业之一。

公司拥有工程监理综合资质和设备监造甲级资质，形成了以工程项目管理为主，以工程监理为核心、带动设备监造等其他板块快速发展的“三足鼎立”的业务格局。同时，公司招标代理资质于2014年9月经吉林省住房和城乡建设厅核准为工程招标代理机构暂定级资质。

公司市场基本覆盖了中石油炼化板块各地区石化公司，并遍及中石油外石油化工、煤化工、冶金化工、粮食加工、军工等国有大型企业集团，形成了项目管理项目、油田地面项目、管道项目、炼化项目、国际项目、煤化工项目、油品储备项目、检修项目、设备监造项目、市政项目等10大业务板块。

公司市场遍布全国25个省市，70多个城市，并走出国门。

公司迄今共承担项目1100余项，项目投资2000多亿元，公司共荣获7项国家级和56项省部级优质工程奖。

公司先后荣获全国先进工程建设监理单位，中国集团公司工程建设优秀企业，吉林省质量管理先进企业，中国建设监理创新发展20年工程监理先进企业等荣誉称号。

公司拥有配备齐全的专业技术人员和复合型管理人员构成的高素质人才队伍。拥有专业技术人员900余人，其中具有中高级专业技术职称人员447人，持有国家级各类执业资格证书的273人，持有省级、行业各类执业资格证书的882人，涉及工艺、机械设备、自动化仪表、电气、无损检测、给排水、采暖通风、测量、道路桥梁、工业与民用建筑以及设计管理、采购管理、投资管理等十几个专业。

公司掌握了科学的项目管理技术和方法，拥有完善的项目管理体系文件，先进的项目管理软件，自主研发了具有企业特色的项目管理、工程监理、设备监理工作指导文件，建立了内容丰富的信息数据库，能够实现工程项目管理的科学化、信息化和标准化。

公司秉承“以真诚服务取信，靠科学管理发展”的经营宗旨，坚持以石油化工为基础，跨行业、多领域经营，正在向着国内一流的工程项目管理公司迈进。

公司坚持以人为本，以特色企业文化促进企业和员工共同发展，通过完善薪酬分配政策、实施员工福利康健计划等，不断强化企业的幸福健康文化，大大增强了企业的凝聚力和向心力，公司涌现出了以中国监理大师王庆国为代表的国家级、中油级、省市级先进典型80余人次，彰显了梦溪品牌的价值。

中国石油四川石化千万吨炼化一体化工程项目

新疆独山子千万吨炼油及百万吨乙烯项目

神华包头煤化工有限公司煤制烯烃分离装置

辽宁华锦化工集团乙烯原料改扩建工程

中石油广西石化千万吨炼油项目

湖南销售公司长沙油库项目

尼日尔津德尔炼厂全景

澜沧江三管中缅油气管道及云南成品油管道工程

吉化24万吨污水处理场

吉林石化数据中心

吉林经济开发区道路

国优——河西新闻中心

国优——南京国际展览中心

国优——新城总部大厦

鲁班奖——苏州金鸡湖大酒店

鲁班奖——南京鼓楼医院

青奥会议中心

鲁班奖——中银大厦

鲁班奖——省特种设备安全监督检验与操作培训实验基地工程

鲁班奖——东南大学图书馆

市政金杯——南京城北污水处理厂

南京地铁 2 号线苜蓿园站

南京青少年科技活动中心

鲁班奖——江苏广电城

紫峰大厦

江苏建科建设监理有限公司

发展历史：江苏建科建设监理有限公司创建于 1988 年，是全国第一批成立的社会监理单位，1993 年由国家建设部首批审定为国家甲级资质监理单位。现为中国建设监理协会副会长单位。2002 年根据国家《招标代理法》成立工程招标代理部，开展工程招标代理业务。公司现具有监理综合资质、工程招标代理甲级资质、工程咨询单位甲级资质、工程造价咨询甲级资质、人防监理甲级资质、中央投资项目招标代理甲级、项目管理试点单位、全过程工程咨询试点单位，为南京市民用建筑监理工程技术研究中心及江苏省城市轨道交通工程质量安全技术中心挂牌，2014 年成功获得高新技术企业资格认定。

强大依托：江苏省建筑科学研究院创建于 1958 年，2002 年作为江苏省首批改制的省属开发型科研院所，由科研事业单位转制为股份制科技型企业。现为国家高新技术企业、国家创新型试点企业、全国文明单位。公司坚持走技术创新和产业化发展道路，目前拥有高性能土木工程材料国家重点实验室、建设部化学建材产业化基地、江苏省建筑结构安全高技术重点实验室、江苏省建筑节能与绿色建筑研究重点实验室、江苏省水性高分子建筑材料工程技术研究中心、江苏省城市轨道交通工程质量安全技术中心等国家级、省部级研发平台。

质量体系：公司于 1999 年在江苏省监理行业中率先通过 ISO9001 国际质量体系认证，在 2002 年率先通过 ISO9001-2000 转版认证，2017 年通过了 ISO2015 版质量、环境职业健康安全综合管理体系认证工作。

业务拓展：公司在开展施工阶段工程监理、工程招标代理、工程造价咨询、工程咨询的同时，积极开展全过程工程咨询、工程项目管理信息化软件开发应用等业务。

人力资源：公司培养、积累了各个层次、各个专业的工程咨询与管理人员。现有员工约 1665 人,其中国家注册监理工程师 374 人，注册造价工程师 83 人，注册结构师 9 人，一级建造师 161 人，注册岩土工程师 1 人，注册公用设备工程师 1 人，注册电气工程师 2 人，注册设备监理师 25 人。研究员级高级工程师 33 人，高级工程师 277 人，工程师 799 人。专业技术人员以 30 ~ 50 岁左右既有专业理论知识、又有工程实践经验的年富力强的中青年技术人员为主体，同时也有一批学术造诣深、工程经验丰富的老专家和近年来从国家重点院校毕业的青年科技人员,涵盖了建筑学、工业与民用建筑、工程项目管理、工程地质、钢结构、给排水、采暖通风、建筑电气、设备安装、园林绿化、铁道工程等各专业。目前，公司已形成了专业配套齐全、年龄结构合理、优势互补、理论与实践并重、高起点高层次的人员群体。我公司总工程师成小竹被授予“中国工程监理大师”称号，多人多次获得优秀总监、优秀监理工程师称号并受到省市表彰。丰富的人力资源、合理的专业配置使我公司在市场竞争方面具有了较大的优势，为公司持续发展提供了持久的支持。

业绩与荣誉：公司自成立以来，已承担房屋建筑工程监理面积超过 3300 万平方米、水厂及污水处理厂监理约 1250 万吨，给排水管线约 800 公里、道路桥梁约 280 公里、地铁工程约 80 亿元，所监理的各类工程总投资约 1500 亿元；包括大中型工业与民用工程监理项目四百多项，大型工业生产项目九十多项，已竣工项目 90% 为优良工程，其中华泰证券大厦等 25 个项目获得鲁班奖称号，南京国际展览中心等 22 个项目获国家优质工程奖称号，南京城北污水处理厂等 6 个项目获国家市政金杯称号。苏建大厦等一百五十余项项目获江苏省扬子杯称号。

1995 年 12 月在全国监理工作会议上我公司被国家建设部命名为全国建设监理先进单位，1999 年蝉联全国建设监理先进单位，2004 年、2006 年、2008 年、2010 年、2012、2014 年连续获得全国建设监理先进单位称号，是全国唯一一家连续八次获得全国先进的监理单位。同时我公司还被多次评为省市先进监理单位，2003 年被省建设厅评为第一批“示范监理企业”。在省、市建委、监理协会历年组织的监理工程检查和评比中，我公司被表彰的项目组量、质量均名列前茅。连续多年被省、市招标代理协会评为“优秀招标代理企业”，2009 年、2012 年分别被评为江苏省工程造价咨询企业信用等级 AAA 级企业。

同舟共济　扬帆远航

浙江嘉宇工程管理有限公司

嘉宇

浙江嘉宇工程管理有限公司，是一家具有工程监理综合资质，以工程监理为主，集项目管理和代建、技术咨询、造价咨询和审计等为一体，专业配套齐全的综合性工程项目管理公司。它源于1996年9月成立的嘉兴市工程建设监理事务所（市建设局直属国有企业），2000年11月经市体改委和市建设局同意改制成股份制企业嘉兴市建工监理有限公司，后更名为浙江嘉宇工程管理有限公司。二十年来，公司一直秉承“诚信为本、责任为重”的经营宗旨和“信誉第一、优质服务”的从业精神。

经过二十年的奋进开拓，公司具备住建部工程监理综合资质（可承担住建部所有专业工程类别建设工程项目的工程监理任务）、文物保护工程监理资质、人防工程监理甲级资质、造价咨询甲级、综合类代建资质等，并于2001年率先通过质量管理、环境管理、职业健康安全管理等三体系认证。

优质的人才队伍是优质项目的最好保证，公司坚持以人为本的发展方略，经过二十年发展，公司旗下集聚了一批富有创新精神的专业人才，现拥有建筑、结构、给排水、强弱电、暖通、机械安装等各类专业高、中级技术人员500余名，其中注册监理工程师87名，注册造价、咨询、一级建造师、安全工程师、设备工程师、防护工程师等90余名，省级监理工程师和人防监理工程师200余名，可为市场与客户提供多层次全方位精准的专业化管理服务。

公司不仅具备监理各项重点工程和复杂工程的技术实力，而且还具备承接建筑技术、造价、工程代建、项目管理等多项咨询和代理的综合管理服务能力。业务遍布省内外多个地区，二十年来，嘉宇管理已受监各类工程千余项，相继获得国家级、省级、市级优质工程奖百余项，由嘉宇公司承监的诸多工程早已成为嘉兴的地标建筑。卓越的工程业绩和口碑获得了省市各级政府和主管部门的认可，2009年来连续多年被浙江省工商行政管理局认定为“浙江省守合同重信用AAA级企业”；2010年来连续多年被浙江省工商行政管理局认定为“浙江省信用管理示范企业”；2007年以来被省市级主管部门及行业协会授予“浙江省优秀监理企业”“嘉兴市先进监理企业”；并先后被省市级主管部门授予“浙江省诚信民营企业”“嘉兴市建筑业诚信企业”“嘉兴市建筑业标杆企业”“嘉兴市最具社会责任感企业”等称号。

嘉宇公司通过推进高新技术和先进的管理制度，不断提高核心竞争力，本着“严格监控、优质服务、公正科学、务实高效”的质量方针和“工程合格率百分之百、合同履行率百分之百、投诉处理率百分之百”的管理目标，围绕成为提供工程项目全过程管理及监理服务的一流服务商，嘉宇公司始终坚持“因您而动”的服务理念，不断完善服务功能，提高客户的满意度。

二十年弹指一挥间。二十年前，嘉宇公司伴随中国监理制度而生，又随着监理制度逐步成熟而成长壮大，并推动了嘉兴监理行业的发展壮大。而今，站在20岁的新起点上，嘉宇公司已经规划好了发展蓝图。一方面“立足嘉兴、放眼全省、走向全国”，不断扩大嘉宇的业务版图；另一方面，不断开发项目管理、技术咨询、招标代理等新业务，在建筑项目管理的产业链上，不断攀向“微笑曲线”的顶端。

地　址：嘉兴市会展路207号嘉宇商务楼
联系电话：
经管部：（0573）83971111　82060258
办公室：（0573）82097146　83378385
质安部：（0573）83387225　83917759
财务部：（0573）82062658　83917757
传　真：（0573）82063178
邮政编码：314050
网　址：www.jygcgl.cn
邮　箱：zjjygcgl@sina.com

企业名称：浙江嘉宇工程管理有限公司
经济性质：有限责任公司
资质等级：工程监理综合资质
可以开展相应类别建设工程的项目管理、技术咨询等业务。
******
工程监理
资质证书
证书编号：E133004137
有效期：至2021年12月12日
中华人民共和国住房和城乡建设部制
发证机关：
2016年12月12日

浙江省著名商标
浙江嘉宇工程管理有限公司：
经认定你单位使用在商标注册用商品和服务国际分类第37类建筑施工监督服务上的“[illegible]”注册商标（注册证号：6512508）为浙江省著名商标。
有效期三年(2016年1月1日至2018年12月31日)
浙江省工商行政管理局
二〇一六年一月

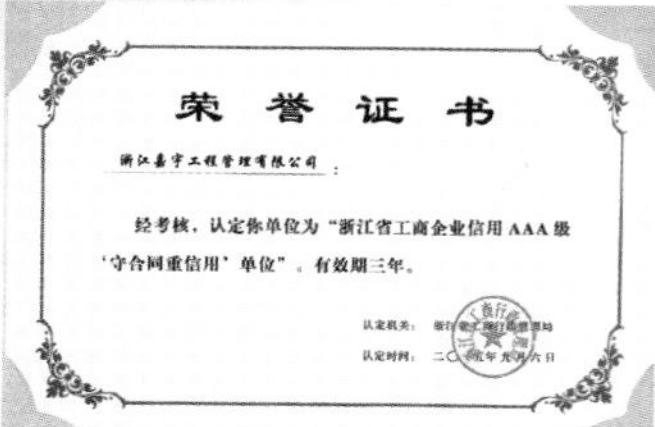
荣誉证书
浙江嘉宇工程管理有限公司：
经考核，认定你单位为“浙江省工商企业信用AAA级‘守合同重信用’单位”，有效期三年。
认定机关：浙江省工商行政管理局
认定时间：二〇一五年九月六日

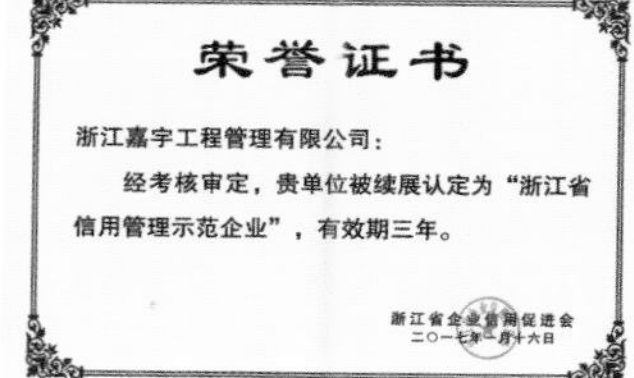
荣誉证书
浙江嘉宇工程管理有限公司：
经考核审定，贵单位被续展认定为“浙江省信用管理示范企业”，有效期三年。
浙江省企业信用促进会
二〇一七年一月十六日

工程名称：北大附属嘉兴实验学校，
工程规模：25000万元

工程名称：嘉兴大树英兰名郡，
工程规模：226926 ㎡

工程名称：嘉兴世贸酒店，
工程规模：64538 ㎡

工程名称：嘉兴市金融广场，
工程规模：202000 ㎡

工程名称：嘉兴创意创新软件园一期服务中心工程，工程规模：72950 ㎡

工程名称：智慧产业园一期人才公寓，
工程规模：63000 ㎡

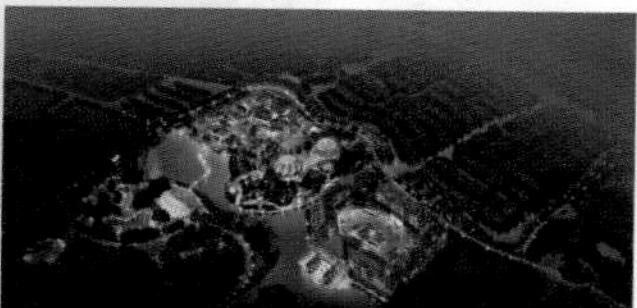
工程名称：云澜湾温泉国际建设工程，
工程规模：92069 ㎡

工程名称：嘉兴永欣希尔顿逸林酒店工程，
工程规模：64634 ㎡

工程名称：嘉兴戴梦得大厦整合改造工程，
工程规模：57591 ㎡

工程名称：嘉兴华隆广场，
工程规模 118739 ㎡

河南省光大建设管理有限公司

河南省光大建设管理有限公司成立于 2004 年 11 月，注册资金为 1018 万元人民币。企业资质为房屋建筑工程监理甲级、市政公用工程监理甲级、公路工程监理甲级、水利水电工程监理甲级、电力工程监理乙级、人防工程监理乙级、工程招标代理甲级、政府采购招标代理甲级、中央投资招标代理乙级。公司拥有各类专业技术人员 788 名，其中注册监理工程师 85 人、注册造价师 15 人、一级建造师 12 人、注册设备监理工程师 8 人、专业监理工程师 120 人、监理员 180 人；招标师 20 人、招标代理专职人员 60 人，政府采购人员 30 人，高级技术职称 10 人，中级技术职称 98 人，助理工程师 60 人。主要经营范围：工程监理、招标代理、工程造价咨询、概预算编制、审核、工程建设项目管理及技术咨询服务等。

自公司成立以来已承接各类监理工程 2000 多项，其中涵盖各类房屋建筑、市政公用工程、道路桥梁、水利水电、电力工程、人防工程等监理项目，在已竣工的工程项目中合格率为 100%，优良率 65%，多项工程荣获河南省“中州杯”优质工程奖、省级优质结构工程奖、市级优质工程奖及市级安全文明工地奖。承接各类招标代理项目 1000 项，均获得了业主好评。公司已通过质量管理体系认证、职业健康管理体系认证、环境管理体系认证。工程招标代理业务、政府采购代理业务已经成为公司新的经济增长点，公司专业人才聚集，具有丰富的招标代理经验，且拥有自己的专家库，为代理工作提供了可靠的技术支持。

自公司成立以来，连续多年被评为“郑州市建筑业工程监理先进企业”“河南省先进监理企业”“河南省招标代理先进企业”“河南省先进投标企业”“河南省重质量、讲诚信、守法规优秀示范企业”“河南省 AAA 信用等级企业”“全国先进工程监理企业”等。公司还是河南省政府采购协会、河南省监理协会、河南省招标投标协会常务理事单位以及中国招标投标协会会员单位。

所承接过的代表工程项目主要有：郑州市荣汇国际大厦项目（单体 28 层、约 6 万㎡）、郑州市商都嘉园安置小区项目（13.5 万㎡）、原阳上宅公园世纪一至八期项目（约 60 万㎡）、林州市人民医院整体搬迁项目（约 30 万㎡）、山西百事嘉房地产开发有限公司南洋花城（一期）、河南省南水北调渠首及沿线土地整治重大项目（第一期）Ⅱ片区第三年度建设工程、新蔡县（PPP 项目）人民路西延项目、鹤壁市海绵城市水系工程、中原福塔塔体户外广告位、海口市欢快酒店项目、晋城市太岳大道等项目都获得了业主的一致好评。

在过去的岁月里光大人用自己不懈的努力和奋斗，开拓了市场、赢得了荣誉、积累了经验。展望未来，我们将继续遵照：“和谐、尊重、诚信、创新”的企业精神，立足本省，开拓国内，面向世界，用我们辛勤的汗水和智慧去开创光大更加美好的明天。

地　址：郑州市北环路 6 号
电　话：0371-66329668（办公室）
0371-55219688（经营部）
0371-86610696（招标代理部）
网　址：http: //www.hngdgl.com

金水区任庄小金庄社区合村并城项目

郑州经济技术开发区瑞祥小区一期（2 号地块）工程监理第 3 标段

山西百事嘉房地产开发有限公司南洋花城（一期）

澳达康盛世广场

商丘市古城棚户区改造 · 华商东苑保障性住房项目

大稳 · 溱水城

中原福塔塔体户外广告位项目

荣汇国际大厦

公司资质：

房屋建筑工程监理甲级
市政公用工程监理甲级
水利水电工程监理甲级
公路工程监理甲级
电力工程监理乙级
人防工程监理乙级
工程招标代理甲级
政府采购代理甲级
中央投资招标代理

溪洛渡水电工程

二滩水电工程

贵州乌江构皮滩水电工程

瀑布沟地下厂房工程

四川二滩国际工程咨询有限责任公司

Sichuan Ertan International Engineering Consulting Co., Ltd.

二十年前，四川二滩国际工程咨询有限责任公司（简称：二滩国际）于大时代浪潮中应运而生，肩负着治水而存的使命，从二滩水电站大坝监理起步，萃取水的精华，伴随着水的足迹成长。如今，作为中国最早从事工程监理和项目管理的职业监理企业，公司已从单纯的水电工程监理的领军者蜕变成为综合性的工程管理服务提供商，从水电到市政、从南水北调到城市地铁、从房屋建筑到道路桥梁、从水电机电设备制造及安装监理到 TBM 盾构设备监造与运管，伴随着公司国际市场的不断拓展和交流，业务范围已涉足世界多个地区。

二滩国际目前拥有工程建设监理领域最高资质等级——住房和城乡建设部工程监理综合资质、水利部甲级监理资质、设备监理单位资格、人民防空工程建设监理资质、商务部对外承包工程资质以及国家发改委甲级咨询资质，获得了质量、环境、职业健康安全（QEOHS）管理体系认证证书。2009 年公司通过首批四川省"高新技术企业"资格认证，走到了科技兴企的前沿。

二滩国际在工程建设项目管理领域，经过多年的历练，汇集了一大批素质高、业务精湛、管理及专业技术卓越的精英人才。不仅拥有行业内首位中国工程监理大师，而且还汇聚了工程建设领域的精英 800 余人，其中具有高级职称 109 人、中级职称 193 人、初级职称 206 人；各类注册监理工程师 161 人、国家注册咨询工程师 9 人、注册造价工程师 25 人，其他各类国家注册工程师 20 人；41 人具备总监理工程师资格证书，23 人具有招标投标资格证。拥有包括工程地质、水文气象、工程测量、道路和桥梁、结构和基础、给排水、材料和试验、金属结构、机械和电气、工程造价、自动化控制、施工管理、合同管理和计算机应用等领域的技术人员和管理人员，这使得二滩国际不仅能在市场上纵横驰骋，更能在专业技术领域发挥精湛的水平。

二滩国际是我国最早从事水利水电工程建设监理的单位之一，先后承担并完成了四川二滩水电站大坝工程，山西万家寨引黄入晋国际 II、Ⅲ标工程，四川福堂水电站工程，格鲁吉亚卡杜里水电站工程，新疆吉林台一级水电站工程，广西龙滩水电站大坝工程等众多水利水电工程的建设监理工作。目前承担着溪洛渡水电站大坝工程、贵州构皮滩水电站大坝工程、四川瀑布沟地下厂房工程、四川长河坝水电站大坝工程、四川黄金坪水电站、四川毛尔盖水电站、四川亭子口水利枢纽大坝工程、贵州马马崖水电站、四川安谷水电站、缅甸密松水电站、锦屏二级引水隧洞工程、金沙江白鹤滩水电工程等多个水利水电工程的建设监理任务。其中公司参与承建的二滩水电站是我国首次采用世行贷款，FIDIC 合同条件的水电工程，由公司编写的合同文件已被世行作为亚洲地区的合同范本，240m 高的双曲拱坝当时世界排名第三，承受的总荷载 980 万吨，世界第一，坝身总泄水量 22480m^3/s；溪洛渡水电站是世界第三，亚洲第二，国内第二大巨型水电站；锦屏 II 级水电站引水隧洞工程最大埋深 2525m，是世界第二，国内第一深埋引水隧洞，也是国内采用 TBM 掘进的最大洞径水工隧洞；瀑布沟水电站是我国已建成的第五大水电站，它的 GIS 系统为国内第二大输变电系统；龙滩水电站大坝工程最大坝高 216.5 m，世界上最高的碾压混凝土大坝；构皮滩水电站大坝最大坝高 232.5m，为喀斯特地区世界最高的薄拱坝。

二滩国际将通过不懈的努力和追求，为工程建设提供专业、优质的服务，为业主创造最佳效益。作为国企，我们还将牢记社会责任，坚持走可持续的科学发展之路，保护环境，为全社会全人类造福！

WANG TAT

广东宏达建投控股集团

GUANGDONG WANGTAT CONSTRUCTION AND INVESTMENT HOLDING GROUP

广东宏达建投控股集团是一家拥有强大国际化技术和资源背景、践行先进管理理念的综合性集团企业。以建设行业的业务为重点，集建设投融资、工程咨询及管理、新型城镇化开发建设、绿色生态智慧城市技术研发及建设，以及实业投资几方面业务为一体；以珠三角为核心，覆盖全国，并向“一带一路”热点地区发展。集团设有建设开发事业部、投融资事业部、绿色生态智慧城市事业部、国际事业部，并拥有多家子公司——广州宏达工程顾问有限公司、广州市宏正工程造价咨询有限公司、广州宏一投资策划咨询有限公司、广州崎和绿建环境技术有限公司、广州绿智网电子商务有限公司、广州宏云智慧城市建设有限公司、广东宏盛智泊科技有限公司、广州沃达科技有限公司、广州市韶港置业有限公司、广州宏励文创科技有限公司、深圳市华信基金管理有限公司等。

广东宏达建投控股集团于2013年创办“宏达进修学院”，提供立体多元的培训与晋升体系，为集团及各子公司打造高质人力资源平台。学院拥有全球首批FIDIC（国际咨询工程师联合会）培训师，以及涵盖建设全领域的工程专家体系。宏达与中科院云计算中心、华南理工大学、北京邮电大学、广东工业大学等科研机构和院校达成深度合作，在建设投融资创新服务、BIM应用、绿色建筑、智慧城市、节能、环境工程等领域展开相关新技术研究与应用，进一步提升企业实力。

宏达建投集团董事长 黄沃先生

宏达建投总部大厦

董事长黄沃接受国际工程咨询工程师联合会FIDIC（菲迪克）百年重大建筑项目杰出奖

宏达建投集团核心业务

● 建设投融资——投融资策划、PPP应用、项目投资，构建项目投融资合作发展平台

拥有一流的项目投融资策划机构和PPP研究应用平台，为地方政府及社会各界提供全方位的投融资解决方案。通过为基础设施建设和项目招商合作提供投融资策划与论证，引进对接投资方、对接优质项目，并可牵头联合社会资金、产业资本和投融资机构进行直接投资，成为项目融资合作的发展平台。

● 区域发展策划咨询——产业发展咨询、城镇化发展规划、区域发展策划、构建区域发展资源整合平台

把握国家及地区发展政策与城市的基调和脉络，注重本土特色与国际视野结合，横跨多个专业，深入中观、贯穿宏观、微观，体现区域发展的产业特点、城市建设、社会发展需求等多方面的协调，具有前瞻性及实现落地能力，已为珠海横琴、广州南沙、佛山新城等区域提供长期服务，发展成为专业型社会智囊机构及资源整合发展平台。

● 工程建设服务——建设全产业链服务平台

以全过程工程咨询、设计咨询&BIM、全过程项目管理（PMC）、工程管理服务（CM）、成本合同管理（QS）、建设监理（CSM）、工程总承包管理（EPCM）等业务为主，服务项目类型涵盖固定资产投资的众多领域，业务完善，管理规范，服务高效，是“国内前沿、国际一流”的管理与技术服务平台。

● 绿色生态智慧城市建设——产业创新发展平台

创建全国首个绿色生态和智慧城市的产业化服务综合平台（绿智网-luzhinet.com）；拥有成熟的静态智慧交通管理系统、建筑智能化系统、智慧型平安城市系统的技术与运维一体化解决能力；并在绿色建筑、智慧旅游、智慧园区、智慧建筑等智慧城市技术领域发展，以打造产业创新发展平台。

广东科学中心

广州新鸿基天环广场

尼克佛山文化生态海岸

广州侨鑫国际中心

天津于家堡金融区

地　址：广州科学城科学大道99号科汇金谷二街七号
电　话：020-87562291　020-87597109
传　真：020-87580675　邮编：510663
网　址：www.wangtat.com.cn　微信号：wangtat-wx
邮　箱：marketing@wangtat.com.cn